普通高等教育“十三五”规划教材

AutoCAD计算机绘图实训

赵连花　谢宝玲　主编

中国石化出版社

内容提要

本书是在高等院校转型发展的前提下，为适应应用型本科教学而编写。本书以 AutoCAD 2010 为平台，内容包括 AutoCAD 绘图基础实训，主要介绍 AutoCAD 基本命令的操作及使用方法；平面图样实训，对平面图形、组合体及轴测图等画法进行了详细介绍；工程图实训，给出了截止阀、齿轮泵、千斤顶、安全阀和机用虎钳等零件图与装配图，通过实例训练，能够熟练应用 AutoCAD 软件。

本书可作为应用型本科院校机械类专业实训教材，也可供高职机械类专业师生使用，也可作为机械类工程技术人员参考用书以及企业培训教材。

图书在版编目(CIP)数据

AutoCAD 计算机绘图实训 / 赵连花，谢宝玲主编．
—北京：中国石化出版社，2016. 8(2022. 1 重印)
普通高等教育“十三五”规划教材
ISBN 978 - 7 - 5114 - 4228 - 4

Ⅰ. ①A… Ⅱ. ①赵… ②谢… Ⅲ. ①AutoCAD 软件 - 高等学校 - 教材 Ⅳ. ①TP391. 72

中国版本图书馆 CIP 数据核字(2016)第 202290 号

中国石化出版社出版发行

地址：北京市东城区安定门外大街 58 号
邮编：100011　电话：(010)84271850
读者服务部电话：(010)84289974
http://www. sinopec-press. com
E-mail：press@ sinopec. com
北京科信印刷有限公司印刷
全国各地新华书店经销

*

787 × 1092 毫米 16 开本 7. 75 印张 168 千字
2016 年 8 月第 1 版　2022 年 1 月第 2 次印刷
定价：18. 00 元

前　言

高等教育要面向社会需求，服务地方经济社会发展，培养应用型和技术技能型人才，增强就业创业能力，突出岗位工作能力的培养。为此教材应注重实践能力和创新能力的培养和提高，注重学生专业综合素质的锻炼和培养，从而增强学生为行业企业服务的能力。工程实训则是学生理论与实践相结合的有效途径，既可以提高工程实践能力，将来又能更好地为社会经济发展服务，同时也为发挥学生的才能创造了有利的条件。

《AutoCAD 计算机绘图实训》是根据本专业教学改革及普通本科高校向应用技术型高校转型的需要以及提高本专业学生操作技能和职业素质的培养需要而编写的。是有关 AutoCAD 软件在机械领域中应用的实训教材。本书对 AutoCAD 软件在工程图中的使用方法进行了比较详细的介绍，突出实用性和可操作性。AutoCAD 2010 与以前的版本相比具有更好的绘图界面和简单快捷的设计环境，同时具备了良好的兼容性，并在功能上有较大的完善和增强。本书以“基础操作 + 基本练习 + 综合训练”的方式带领读者由浅入深，逐步掌握 AutoCAD 软件在机械设计绘图中的使用方法，增强了教材的实用性和需求性。

本书包括三部分内容。第一部分详细介绍了 AutoCAD 基本操作指令，包括块的建立和绘制基本二维图形等内容，使读者熟悉绘图软件的基本绘图功能。第二部分详细介绍了平面图形、组合体以及轴测图实例，使读者熟悉绘图的基本方法。第三部分详细介绍了 AutoCAD 在工程实践中的应用，读者通过绘制截止阀、齿轮泵、千斤顶、安全阀和机用虎钳等零件图与装配图，达到熟练应用 AutoCAD 软件的目的。

参加本书编写的有沈阳工业大学赵连花(第 1 章，1.1 ~1.6)、谢宝玲(第 2 章、第 3 章，3.1、3.2.1)、杨俊哲(第 1 章，1.7 ~1.10)、温玉石(第 3 章，3.2.2 ~3.2.5)。全书由赵连花统稿并审校。此外，对出版本书给予大力支持和帮助的专家和老师，在此表示感谢。在编写过程中，参考和引用了一些相关资料，均在书后列出，在此对文献作者表示衷心的感谢。

由于编者的水平和经验有限，书中难免有不妥之处，恳请读者批评指正。

编　者

目　录

第1章　AutoCAD 绘图基础实训

1.1　AutoCAD 基础知识

1.1.1　点确定

1. 绝对坐标　绝对坐标包括直角坐标、极坐标和球坐标。

(1)直角坐标：直角坐标用点的 X、Y、Z 坐标值表示该点，且各坐标值之间要用逗号隔开。

(2)极坐标：极坐标用于表示二维点，其表示方法为：距离 < 角度。

(3)球坐标：球坐标用于确定三维空间的点，它用三个参数表示一个点，即点与坐标系原点的距离 L；坐标系原点与空间点的连线在 XY 面上的投影与 X 轴正方向的夹角(简称在 XY 面内与 X 轴的夹角) α；坐标系原点与空间点的连线同 XY 面的夹角(简称与 XY 面的夹角) β，各参数之间用符号"<"隔开，即"$L<\alpha<\beta$"。例如，150 < 45 < 35 表示一个点的球坐标，各参数的含义如图 1-1 所示。

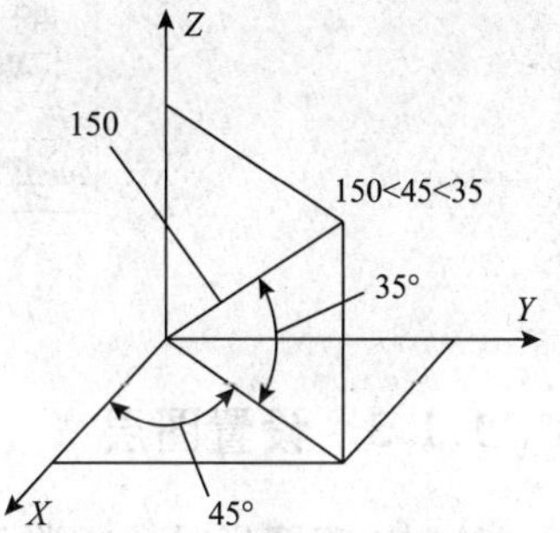

图 1-1　球坐标示意图

2. 相对坐标　相对坐标包括相对直角坐标、相对极坐标和相对球坐标。

相对坐标是指相对于前一坐标点的坐标。相对坐标也有直接坐标、极坐标和球坐标等形式，其输入格式与绝对坐标相同，但要在输入的坐标前加前缀"@"。

1.1.2　绘图基本设置与操作

1. 设置绘图单位　用于设置绘图单位格式的命令是 UNITS。选择"格式"/"单位"命令，即执行 UNITS 命令，打开"图形单位"对话框，用于确定长度尺寸和角度尺寸的单位格式以及对应的精度，如图 1-2 所示。

2. 设置图形界限　A3 图纸的幅面尺寸是 420 × 297。用于设置图形界限的命令是 LIMITS。选择"格式"/"图形界限"命令，即执行 LIMITS 命令，AutoCAD 提示：

```
指定左下角点或[开(ON)/关(OFF)] < 0, 0 >: ↙
指定右上角点: 420, 297 ↙
```

此时，完成图形界限的设置。欲观察图形界限的范围，点击下方辅助工具栏的的"栅格”按钮。为了使所设绘图范围有效，还需要利用 LIMITS 命令的“开(ON)”选项进行相应的设置。执行 ON 选项后，就可以使所设绘图范围有效，即用户只能在已设坐标范围内绘图。如果所绘图形超出范围，则 AutoCAD 拒绝绘图，并给出相应的提示。

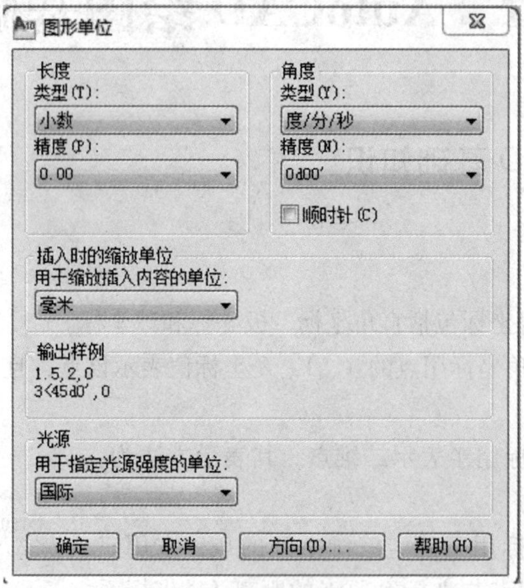

图 1-2　设置绘图单位

1.1.3　设置图层

绘制工程图样时，通常会用到多种线型，如粗实线、细实线、点画线、中心线及虚线等。用 AutoCAD 绘图时，实现线型要求的方法之一是建立一系列具有不同绘图线型和不同绘图颜色的图层；绘图时，将具有同一线型的图形对象放在同一图层中。即具有同一线型的图形对象以相同的颜色显示。

图层具有以下特点：

(1)用户可以在一幅图中指定任意数量的图层。系统对图层数没有限制，对每一图层上的对象数也没有任何限制。

(2)每一图层有一个名称，加以区别。当开始绘一幅新图时，AutoCAD 自动创建名为 0 的图层，这是 AutoCAD 的默认图层，其余图层需用户来定义。

(3)一般情况下，位于一个图层上的对象应该是一种绘图线型，一种绘图颜色。用户可以改变各图层的线型、颜色等特性。

(4)虽然 AutoCAD 允许用户建立多个图层，但只能在当前图层上绘图。

(5)各图层具有相同的坐标系和相同的显示缩放倍数。用户可以对位于不同图层上的对象同时进行编辑操作。

(6)用户可以对各图层进行打开、关闭、冻结、解冻、锁定与解锁等操作，以决定各图层的可见性与可操作性。

1. 常用的图层设置　表 1-1 给出了工程图样常用的图层设置。

表 1-1　图层设置

绘图线型	图层名称	颜色	AutoCAD 线型	线　宽
粗实线	粗实线	白色	Continuous	0.5mm 或 0.6mm
细实线	细实线	红色	Continuous	0.25mm 或 0.3mm
波浪线	波浪线	绿色	Continuous	0.25mm 或 0.3mm
虚线	虚线	黄色	DASHED	0.25mm 或 0.3mm
中心线	中心线	红色	CENTER	0.25mm 或 0.3mm
尺寸标注	尺寸标注	青色	Continuous	0.25mm 或 0.3mm
剖面线	剖面线	红色	Continuous	0.25mm 或 0.3mm
文字标注	文字标注	绿色	Continuous	0.25mm 或 0.3mm
图框层	图框层	自选	Continuous	0.5mm 或 0.6mm

2. 新建图层的方法　用于进行图层管理的命令是 LAYER。单击“图层”工具栏中的“图层特性管理器”按钮，或选择“格式”|“图层”命令，即执行 LAYER 命令，打开“图层特性管理器”对话框，如图 1-3 所示。

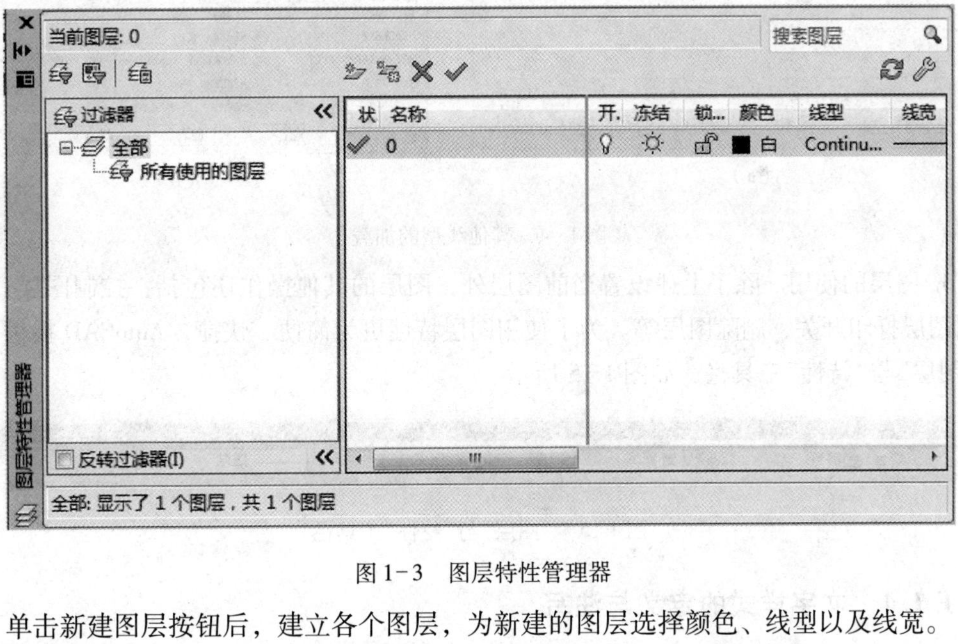

图 1-3　图层特性管理器

单击新建图层按钮后，建立各个图层，为新建的图层选择颜色、线型以及线宽。

(1)线型设置。设置新绘图形的线型。命令：LINETYPE。选择“格式”|“线型”命令，即执行 LINETYPE 命令，弹出“线型管理器”对话框。可通过其确定绘图线型和线型比例等。

设置新绘图形的线宽。命令：LWEIGHT。选择“格式”|“线宽”命令，即执行 LWEIGHT 命令，弹出“线宽设置”对话框。列表框中列出了 AutoCAD 2010 提供的 20 余种

线宽，用户可在“随层”、“随块”或某一具体线宽之间选择。其中，“随层”表示绘图线宽始终与图形对象所在图层设置的线宽一致，这也是最常用到的设置。还可以通过此对话框进行其他设置，如单位、显示比例等。

其他线型的加载。如需要其他线型，可以通过“选择线型”对话框“加载”按钮，打开“加载或者重载线型”对话框，加载其他线型，如中心线可以选择 CENTER2 线型，如图 1-4 所示，虚线可以选择 DASHDOT2 线型等。

(2)设置新绘图形的颜色。命令：COLOR。选择“格式”|“颜色”命令，即执行 COLOR 命令，弹出“选择颜色”对话框。

对话框中有“索引颜色”、“真彩色”和“配色系统”3 个选项卡，分别用于以不同的方式确定绘图颜色。在“索引颜色”选项卡中，用户可以将绘图颜色设为 ByLayer(随层)、ByBlock(随块)或某一具体颜色。其中，随层是指所绘对象的颜色总是与对象所在图层设置的绘图颜色相一致，这是最常用到的设置。

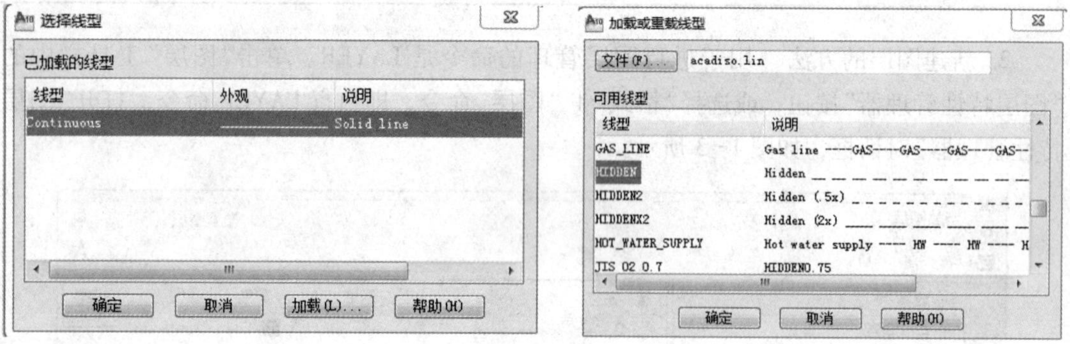

(a) (b)

图 1-4 其他线型的加载

3. 图层的使用 除了上述设置当前图层外，图层的其他操作还包括：控制图层开关、控制图层打印开关、删除图层等。为了使用图层特性更为简便、快捷，AutoCAD 提供了一个“图层”与“特性”工具栏，如图 1-5 所示。

图 1-5 “图层”与“特性”工具栏

1.1.4 文字样式的定义与注写

绘制工程图样时，经常需要标注尺寸、文字，如标注技术要求、填写标题栏等。下面介绍如何为 AutoCAD 定义符合国标要求的文字样式。

1. 符合国标的汉字和数字字体 定义中文文字样式时，需要有对应的中文字体。AutoCAD 2010 本身就提供了可标注符合国家制图标准的中文字体，即字体名为“T 仿宋_GB2312”的字体。尺寸标注时符合国标的数字样式，可以使用 gbetic. shx 字体。

2. 建立新文字样式　用于定义文字样式的命令是 STYLE。单击“样式”工具栏中的“文字样式管理器”按钮，即执行 STYLE 命令，打开“文字样式”对话框，如图 1-6 所示。

在对话框中，选择“新建”按钮，定义指定文字样式的样式名称。

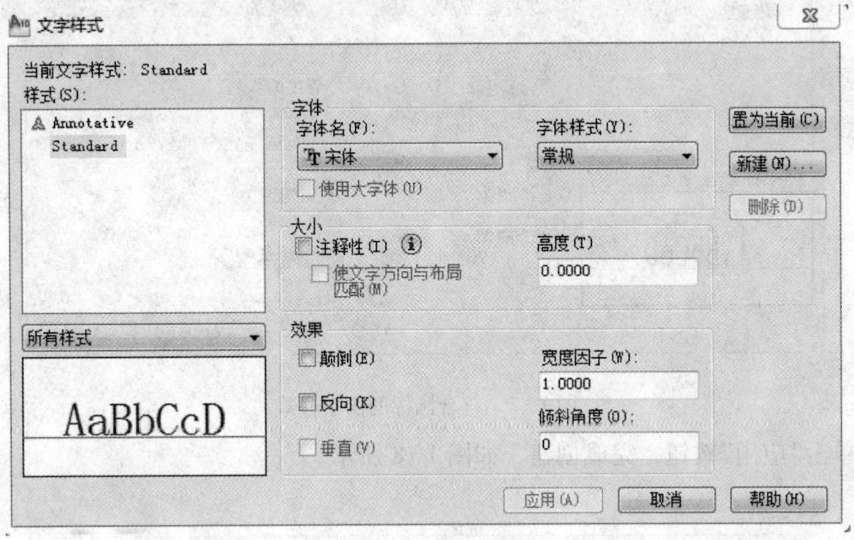

图 1-6　文字样式对话框

3. 建立符合国标的汉字样式　建立“国标汉字”文字样式，用于在工程图中注写符合国家技术制图标准规定的汉字(长仿宋体)。

其创建过程如下：

(1)输入 STYLE 命令，弹出“文字样式”对话框。

(2)单击“新建”按钮，弹出“新建文字样式”对话框，输入“国标汉字字”文字样式名，单击“确定”按钮，返回“文字样式”对话框。

(3)在“字体名”下拉列表中选择“T 仿宋_ GB2312”字体(注意：不要选成“T@ 仿宋_ GB2312”字体)；在“高度”编辑框中设高度值为“3. 5000”；在“宽度比例”编辑框中设宽度比例值为“0. 7”；其他使用缺省值。

(4)单击“应用”按钮，完成创建，如图 1-7 所示。

(5)如不再创建其他样式，单击“关闭”按钮，退出“文字样式”对话框，结束命令。

4. 建立符合国标的数字样式　建立“尺寸数字”文字样式，用于控制工程图的尺寸数字和注写其他数字、字母。该文字样式使所注尺寸中的尺寸数字符合国家技术制图标准。

其创建过程如下：

(1)输入 STYLE 命令，弹出“文字样式”对话框。

(2)单击“新建”按钮，弹出“新建文字样式”对话框，输入“尺寸数字”文字样式名，单击“确定”按钮，返回“文字样式”对话框。

(3)在“字体名”下拉列表中选择“gbetic. shx”字体，在“高度”编辑框中设高度值为“3. 50”，在“宽度比例”编辑框中输入“1. 0”，其他使用缺省值。

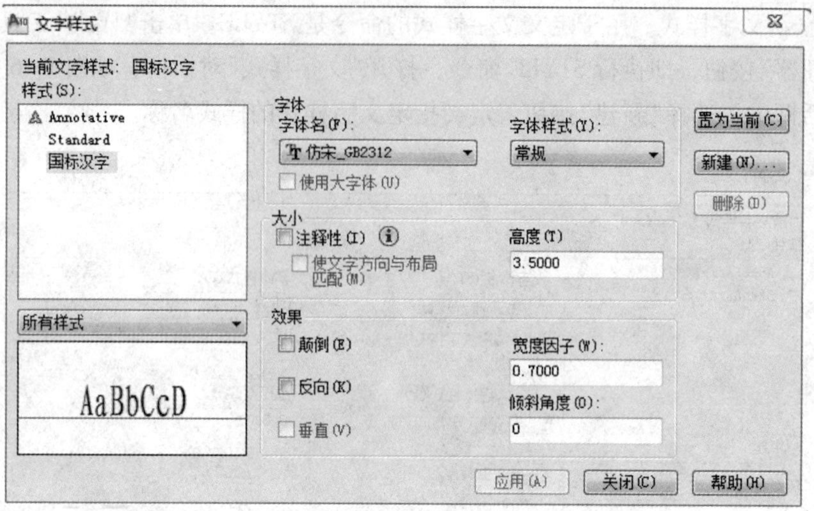

图 1-7　符合国标的汉字样式

(4)单击“应用”按钮，完成创建，如图 1-8 所示。

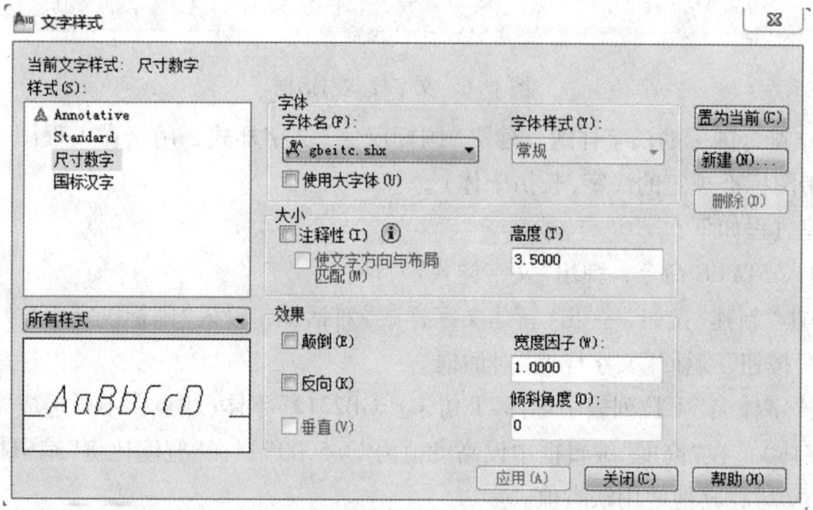

图 1-8　建立符合国标的数字样式

(5)单击“关闭”按钮，退出“文字样式”对话框，结束命令。

5. 单行文字的注写与编辑　通过“绘图”/“文字”/“单行文字”，注写单行文字或多行文字，如图 1-9 所示。

注意：“当前文字样式”提示，通过完成“指定文字的起点或[对齐(J)/样式(S)]”、“指定高度”、“指定文字的旋转角度”、“输入文字等信息行的提示”完成输入，输入后一次回车，可进行下一行输入，两次回车，结束输入。

AutoCAD 提供了一些特殊字符的注写方法，常用的有：

%%C 注写“ϕ”直径符号；%%D 注写“°”角度符号；

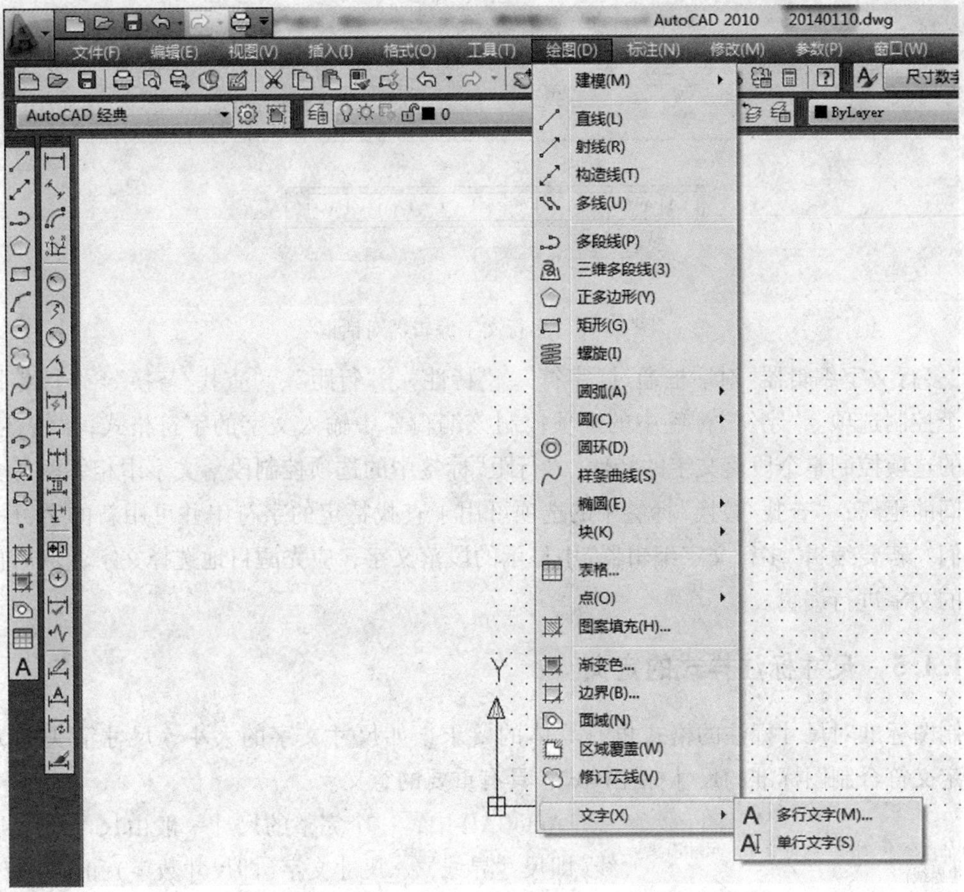

图1-9　单行文字的注写

%%P 注写“±”上下偏差符号；%%% 注写“%”百分比符号。

6. 多行文字的注写　多行文字是以段落的方式输入文字，它具有控制所注写文字字符格式及段落文字特性等功能。

从绘图工具栏中单击：“段落文字”按钮A，或者从下拉菜单选取：“绘图”/“文字”/“多行文字”，或者从键盘键入：MTEXT 命令均可。

命令的操作如下：

命令：(输入命令)
当前文字样式：“国标汉字”。文字高度：5.00(此行为信息行)
指定第一角点：(指定矩形段落文字框的第一角点)
指定另一角点或[高度(H)/对正(J)/行距(L)/旋转(R)/样式(S)/宽度(W)]：(指定另一角点或选项)

当指定了第一角点后拖动光标，屏幕上会出现一个动态的矩形框，AutoCAD 在矩形框中显示一个箭头符号，用来指定文字的扩展方向，此时可直接给第二角点(其他选项一般不在此操作，把其他选项的操作内容放在下面弹出的对话框中设置将更为方便)，指定矩形框第二角点后，AutoCAD 将弹出“多行文字编辑器”对话框，如图1-10所示。

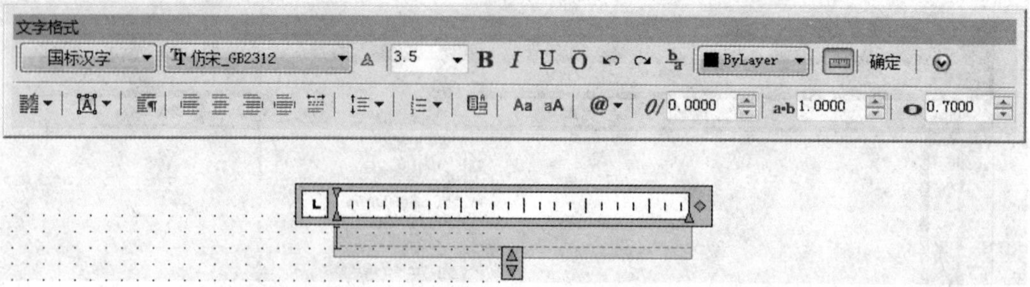

图 1-10　多行文字编辑器对话框

"多行文字编辑器"对话框通过"字符"、"特性"、"行距"、"查找/替换"4 个标签提供了多个控制选项。"字符"标签中的选项控制该编辑器中输入文字的字符格式；"特性"标签中的选项控制整个段落文字的特性；"行距"标签中的选项控制段落文字中相邻两行文字基线间的距离；"查找/替换"标签中的选项可用于查找特定的字符串并可用新的字符串替换它们。若要编辑"多行文字编辑器"中显示的段落文字，应先醒目地选择文字，然后再对所选的文字进行编辑。

1.1.5　尺寸标注样式的定义

制图标准对尺寸标注的格式也有具体的要求，如尺寸文字的大小、尺寸箭头的大小等。定义符合制图标准的尺寸标注样式，具有重要的意义。

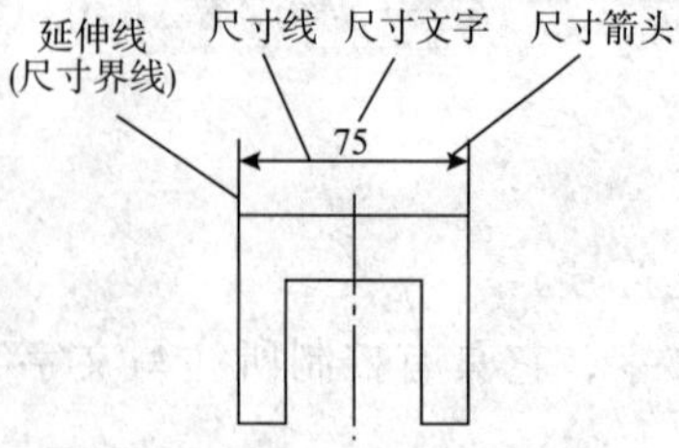

图 1-11　尺寸标注样式

AutoCAD 中，一个完整的尺寸一般由尺寸线、延伸线(即尺寸界线)、尺寸文字(即尺寸数字)和尺寸箭头 4 部分组成，如图 1-11 所示。请注意：这里的"箭头"是一个广义的概念，也可以用短划线、点或其他标记代替尺寸箭头。

AutoCAD 2010 将尺寸标注分为线性标注、对齐标注、半径标注、直径标注、弧长标注、折弯标注、角度标注、引线标注、基线标注、连续标注等多种类型，而线性标注又分水平标注、垂直标注和旋转标注。

1. 新建符合国标尺寸标注样式　尺寸标注样式(简称标注样式)用于设置尺寸标注的具体格式，如尺寸文字采用的样式；尺寸线、尺寸界线以及尺寸箭头的标注设置等，以满足不同行业或不同国家的尺寸标注要求。

定义、管理标注样式的命令是 DIMSTYLE。执行 DIMSTYLE 命令，弹出图 1-12 所示的"标注样式管理器"对话框。

其中，"当前标注样式"标签显示出当前标注样式的名称。"样式"列表框用于列出已有标注样式的名称。"列出"下拉列表框确定要在"样式"列表框中列出哪些标注样式。"预览"图片框用于预览在"样式"列表框中所选中标注样式的标注效果。"说明"标签框用于显示在“样式”列表框中所选定标注样式的说明。“置为当前”按钮把指定的标注样式置为当前样式。“新建”按钮用于创建新标注样式。“修改”按钮则用于修改已有标注样式。“替代”按钮用于设置当前样式的替代样式。“比较”按钮用于对两个标注样式进行比较，或了解某一样式的全部特性。

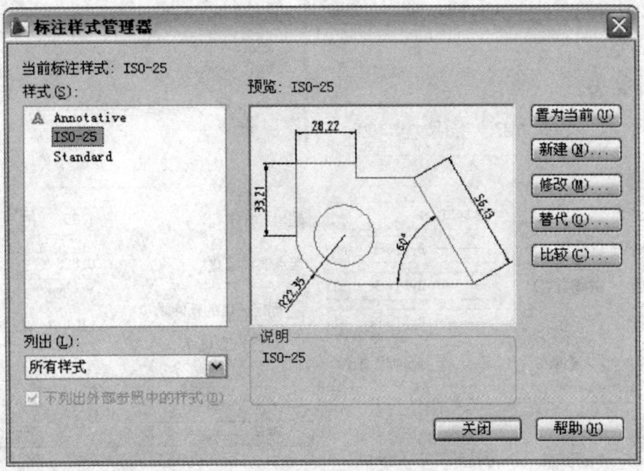

图 1-12 “标注样式管理器”对话框

下面介绍如何新建标注样式。

在“标注样式管理器”对话框中单击“新建”按钮，弹出如图 1-13(a)所示“创建新标注样式”对话框。单击对话框中的“新建”按钮，在打开的“创建新标注样式”对话框中的“新样式名”文本框中输入“制图国标”，其余设置采用默认状态，如图 1-13(b)所示。

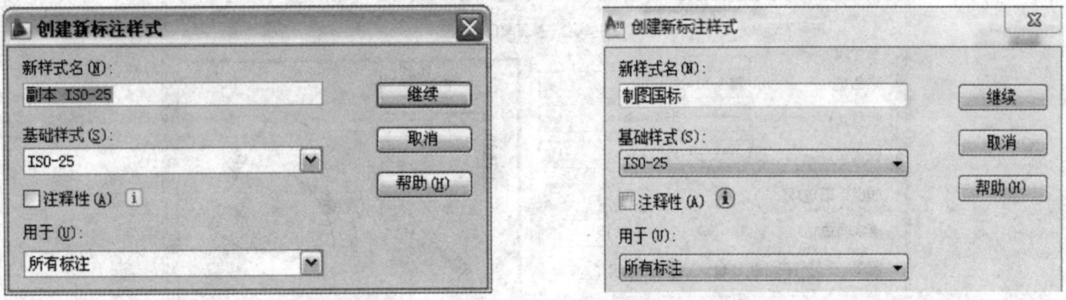

(a)“创建新标注样式”对话框　　(b) 新样式命名

图 1-13 “制图国标”新标注样式的建立

确定新样式的名称和有关设置后，单击“继续”按钮，弹出“新建标注样式”对话框，如图 1-14 所示。

对话框中有“线”、“符号和箭头”、“文字”、“调整”、“主单位”、“换算单位”和“公差”7 个选项卡，下面分别给予介绍。

2. 符合国标的尺寸样式的建立　建立符合国标的尺寸标注样式，要完成尺寸样式中尺寸线、尺寸界线、符号和箭头、文字等方面的设置。

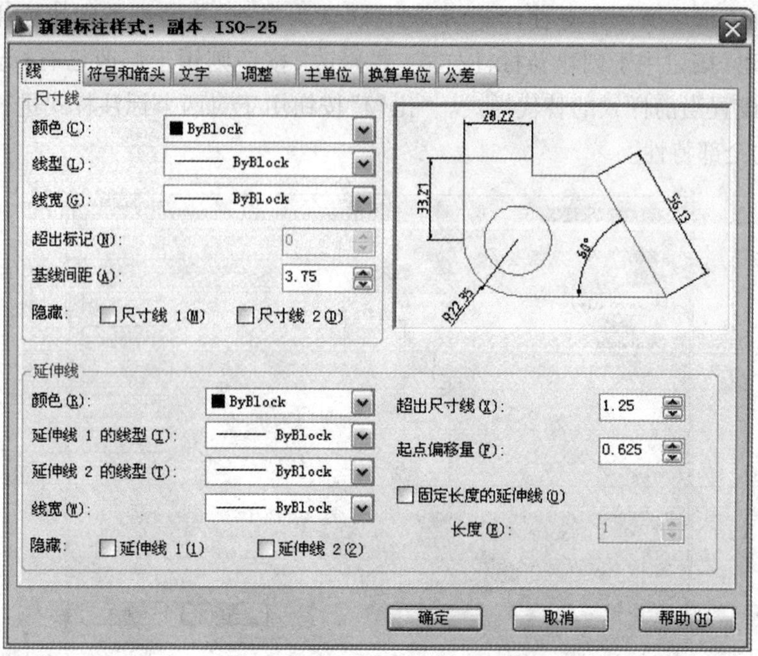

图 1-14 “新建标注样式”对话框

(1)“线”选项卡的设置。设置尺寸线和尺寸界线的格式与属性。选项卡中，“尺寸线”选项组用于设置尺寸线的样式。“延伸线”选项组用于设置尺寸界线的样式。预览窗口可根据当前的样式设置显示出对应的标注效果示例。尺寸线和尺寸界线的参数设置如图 1-15 所示。

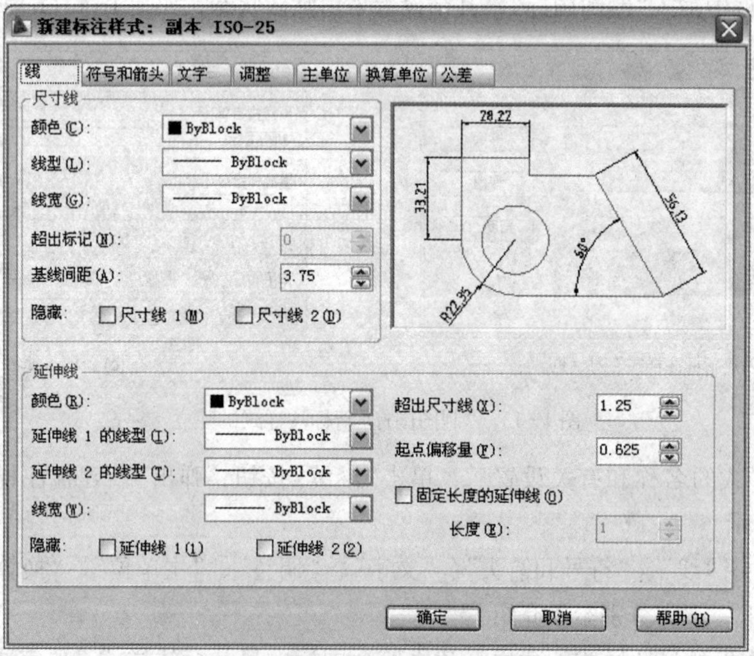

图 1-15 “线”选项卡的设置

(2)“符号和箭头”选项卡的设置。“符号和箭头”选项卡用于设置尺寸箭头、圆心标记、弧长符号以及半径标注折弯方面的格式，如图1-16所示。“符号和箭头”选项卡中，“箭头”选项组用于确定尺寸线两端的箭头样式。“圆心标记”选项组用于确定当对圆或圆弧执行标注圆心标记操作时，圆心标记的类型与大小。“折断标注”选项确定在尺寸线或延伸线与其他线重叠处打断尺寸线或延伸线时的尺寸。“弧长符号”选项组用于为圆弧标注长度尺寸时的设置。“半径标注折弯”选项设置通常用于标注尺寸的圆弧的中心点位于较远位置时。“线性折弯标注”选项用于线性折弯标注设置。

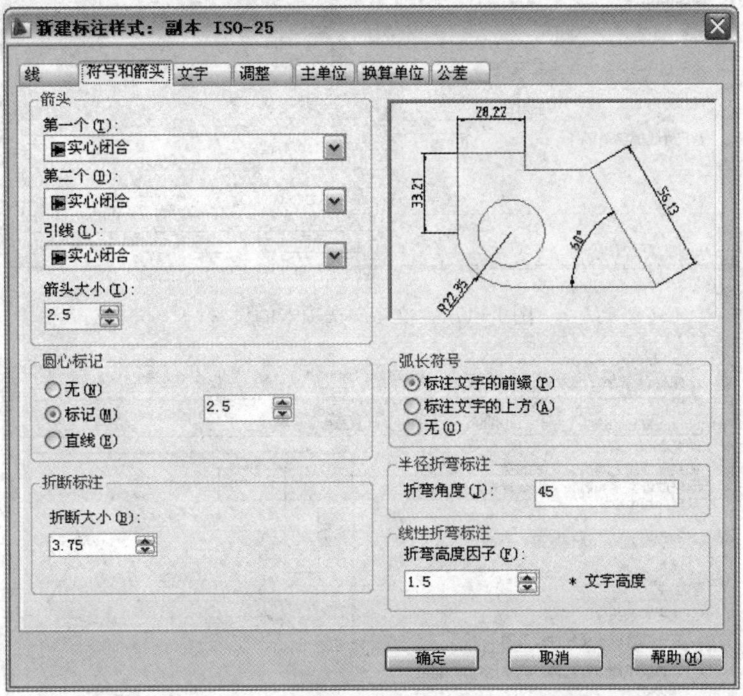

图1-16 “符号和箭头”选项卡的设置

(3)“文字”选项卡的设置。此选项卡用于设置尺寸文字的外观、位置以及对齐方式等，如图1-17所示。“文字”选项卡中，“文字外观”选项组用于设置尺寸文字的样式等。“文字位置”选项组用于设置尺寸文字的位置。“文字对齐”选项组则用于确定尺寸文字的对齐方式。

(4)“调整”选项卡的设置。此选项卡用于控制尺寸文字、尺寸线以及尺寸箭头等的位置和其他一些特征，如图1-18所示。“调整”选项卡中，“调整选项”选项组确定当尺寸界线之间没有足够的空间同时放置尺寸文字和箭头时，应首先从尺寸界线之间移出尺寸文字和箭头的哪一部分，用户可通过该选项组中的各单选按钮进行选择。“文字位置”选项组确定当尺寸文字不在默认位置时，应将其放在何处。“标注特征比例”选项组用于设置所标注尺寸的缩放关系。“优化”选项组该选项组用于设置标注尺寸时是否进行附加调整。

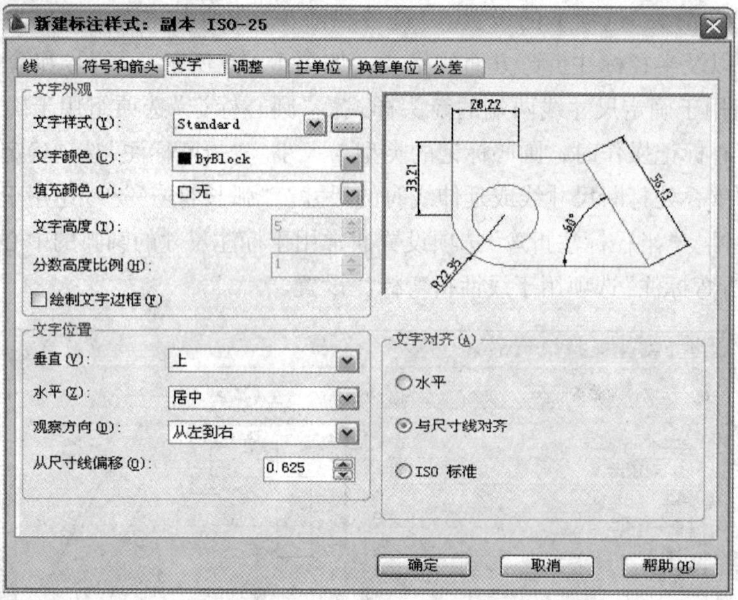

图 1-17 “文字”选项卡的设置

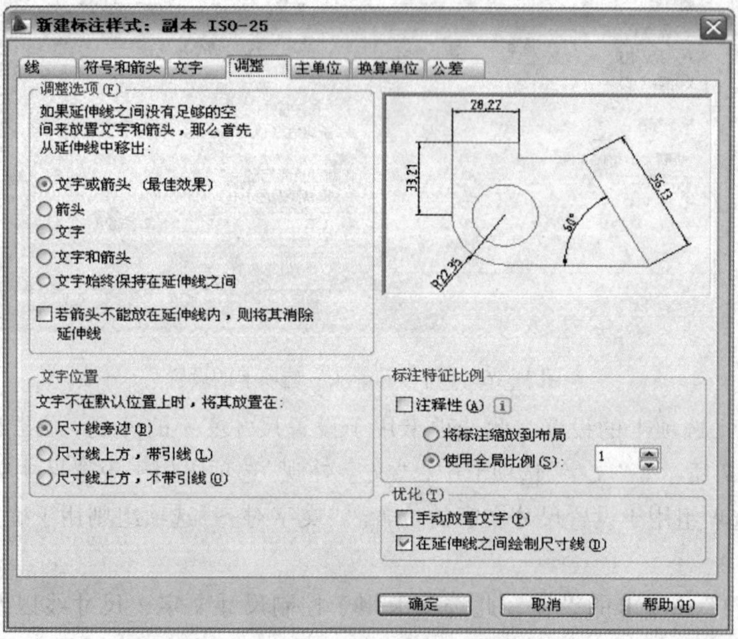

图 1-18 “调整”选项卡的设置

(5)“主单位”选项卡的设置。此选项卡用于设置主单位的格式、精度以及尺寸文字的前缀和后缀。“主单位”选项卡中，“线性标注”选项组用于设置线性标注的格式与精度。“角度标注”选项组确定标注角度尺寸时的单位、精度以及消零否。“主单位”选项卡的设置如图 1-19 所示(采用 1∶1 比例绘图时，测量单位的比例因子选 1，否则，依据绘图比例进行相应倍数的放大或者缩小)。

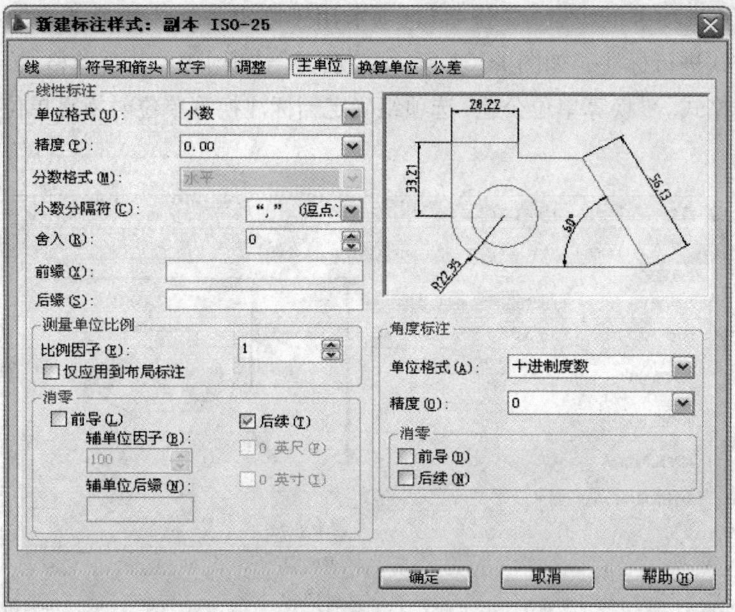

图1-19 “主单位”选项卡的设置

(6)“换算单位”选项卡的设置。“换算单位”选项卡用于确定是否使用换算单位以及换算单位的格式，如图1-20所示。“换算单位”选项卡中，“显示换算单位”复选框用于确定是否在标注的尺寸中显示换算单位。“换算单位”选项组确定换算单位的单位格式、精度等设置。“消零”选项组确定是否消除换算单位的前导或后续零。“位置”选项组则用于确定换算单位的位置。用户可在“主值后”与“主值下”之间选择。

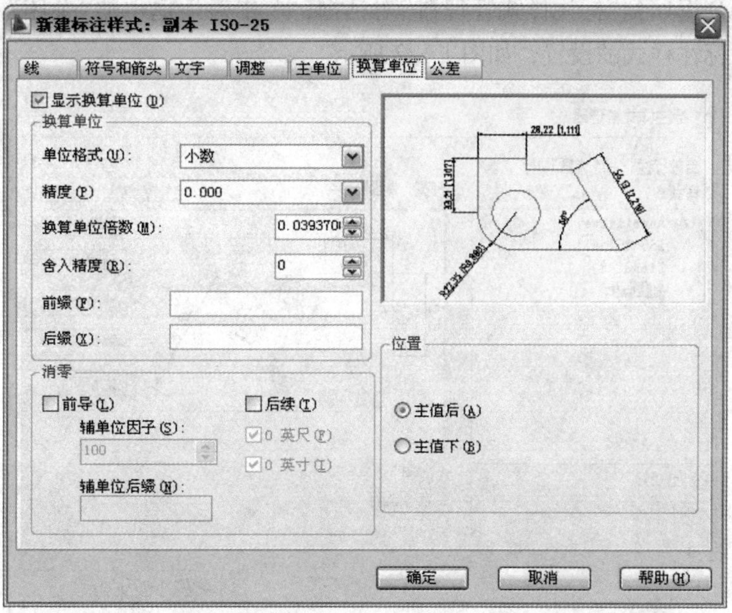

图1-20 “换算单位”选项卡的设置

(7)“公差”选项卡的设置。“公差”选项卡用于确定是否标注公差，如果标注公差的话，以何种方式进行标注，如图1-21所示。“公差”选项卡中，“公差格式”选项组用于确定公差的标注格式。“换算单位公差”选项组确定当标注换算单位时换算单位公差的精度与消零否。

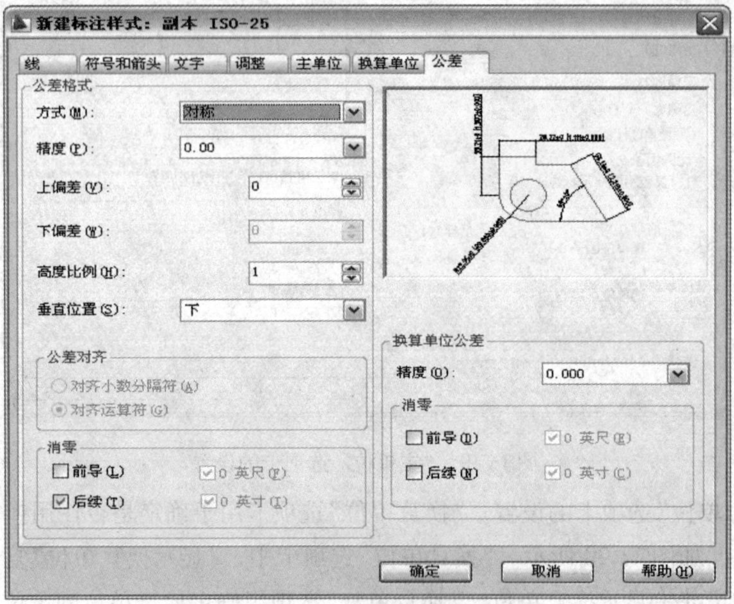

图1-21 “换算单位”选项卡的设置

利用“新建标注样式”对话框设置样式后，单击对话框中的“确定”按钮，完成样式的设置，AutoCAD返回到“标注样式管理器”对话框，单击对话框中的“关闭”按钮关闭对话框，完成尺寸标注样式的设置，如图1-22所示。

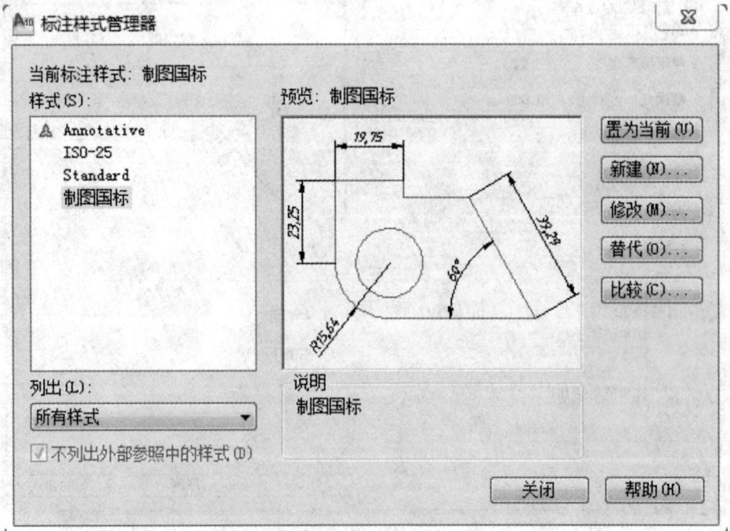

图1-22 完成的尺寸设样式设置

1.1.6 尺寸标注

1. 线性标注 线性标注指标注图形对象在水平方向、垂直方向或指定方向的尺寸，又分为水平标注、垂直标注和旋转标注三种类型。水平标注用于标注对象在水平方向的尺寸，即尺寸线沿水平方向放置；垂直标注用于标注对象在垂直方向的尺寸，即尺寸线沿垂直方向放置；旋转标注则标注对象沿指定方向的尺寸。

命令：DIMLINEAR

单击"标注"工具栏上的（线性）按钮，或选择"标注"|"线性"命令，即执行 DIMLINEAR 命令，AutoCAD 提示：

```
指定第一条尺寸界线原点或<选择对象>:
```

在此提示下用户有两种选择，即确定一点作为第一条尺寸界线的起始点或直接按 Enter 键选择对象。

(1)指定第一条尺寸界线原点。如果在"指定第一条尺寸界线原点或 <选择对象>:"提示下指定第一条尺寸界线的起始点，AutoCAD 提示：

```
指定第二条尺寸界线原点:(确定另一条尺寸界线的起始点位置)
指定尺寸线位置或
[多行文字(M)/文字(T)/角度(A)/水平(H)/垂直(V)/旋转(R)]:
```

其中，"指定尺寸线位置"选项用于确定尺寸线的位置。通过拖动鼠标的方式确定尺寸线的位置后，单击拾取键，AutoCAD 根据自动测量出的两尺寸界线起始点间的对应距离值标注出尺寸。

"多行文字"选项用于根据文字编辑器输入尺寸文字。"文字"选项用于输入尺寸文字。"角度"选项用于确定尺寸文字的旋转角度。"水平"选项用于标注水平尺寸，即沿水平方向的尺寸。"垂直"选项用于标注垂直尺寸，即沿垂直方向的尺寸。"旋转"选项用于旋转标注，即标注沿指定方向的尺寸。

(2) <选择对象>。如果在"指定第一条尺寸界线原点或 <选择对象>:"提示下直接按 Enter 键，即执行" <选择对象> "选项，AutoCAD 提示：

```
选择标注对象:
```

此提示要求用户选择要标注尺寸的对象。用户选择后，AutoCAD 将该对象的两端点作为两条尺寸界线的起始点，并提示：

```
指定尺寸线位置或
[多行文字(M)/文字(T)/角度(A)/水平(H)/垂直(V)/旋转(R)]:
```

2. 对齐标注 对齐标注指所标注尺寸的尺寸线与两条尺寸界线起始点间的连线平行。

命令：DIMALIGNED

单击“标注”工具栏上的（对齐）按钮，或选择“标注”|“对齐”命令，即执行 DIMALIGNED 命令，AutoCAD 提示：

指定第一条尺寸界线原点或 <选择对象>：

3. 角度标注　标注角度尺寸。命令：DIMANGULAR

单击“标注”工具栏上的（角度）按钮，或选择“标注”|“角度”命令，即执行 DIMANGULAR 命令，AutoCAD 提示：

选择圆弧、圆、直线或 <指定顶点>：

其中，“标注圆弧的包含角”选项用于标注圆弧的包含角尺寸。“标注圆上某段圆弧的包含角”选项标注圆上某段圆弧的包含角。“标注两条不平行直线之间的夹角”选项标注两条直线之间的夹角。“根据三个点标注角度”选项则根据给定的三点标注出角度。

4. 直径标注　为圆或圆弧标注直径尺寸。命令：DIMDIAMETER

单击“标注”工具栏上的（直径）按钮，或选择“标注”|“直径”命令，即执行 DIMDIAMETER，AutoCAD 提示：

选择圆弧或圆：（选择要标注直径的圆或圆弧）
指定尺寸线位置或[多行文字(M)/文字(T)/角度(A)]：

如果在该提示下直接确定尺寸线的位置，AutoCAD 按实际测量值标注出圆或圆弧的直径。也可以通过“多行文字(M)”、“文字(T)”以及“角度(A)”选项确定尺寸文字和尺寸文字的旋转角度。

5. 半径标注　为圆或圆弧标注半径尺寸。命令：DIMRADIUS

单击“标注”工具栏上的（半径）按钮，或选择“标注”|“半径”命令，即执行 DIMRADIUS 命令，AutoCAD 提示：

选择圆弧或圆：（选择要标注半径的圆弧或圆）
指定尺寸线位置或[多行文字(M)/文字(T)/角度(A)]：

6. 弧长标注　为圆弧标注长度尺寸。命令：DIMARC

单击“标注”工具栏上的（弧长）按钮，或选择“标注”|“弧长”命令，即执行 DIMARC 命令，AutoCAD 提示：

选择弧线段或多段线弧线段：（选择圆弧段）
指定弧长标注位置或[多行文字(M)/文字(T)/角度(A)/部分(P)/引线(L)]：

7. 折弯标注　为圆或圆弧创建折弯标注。命令：DIMJOGGED

单击“标注”工具栏上的（折弯）按钮，或选择“标注”|“折弯”命令，即执行 DIMJOGGED 命令，AutoCAD 提示：

选择圆弧或圆：（选择要标注尺寸的圆弧或圆）
指定中心位置替代：（指定折弯半径标注的新中心点，以替代圆弧或圆的实际中心点）
指定尺寸线位置或[多行文字(M)/文字(T)/角度(A)]：（确定尺寸线的位置，或进行其他设置）
指定折弯位置：（指定折弯位置）

8. 连续标注　连续标注指在标注出的尺寸中，相邻两尺寸线共用同一条尺寸界线，如图 1-23 所示。命令：DIMCONTINUE

单击“标注”工具栏上的（连续）按钮，或选择“标注”|“连续”命令，即执行 DIMCONTINUE 命令，AutoCAD 提示：

指定第二条尺寸界线原点或[放弃(U)/选择(S)]<选择>：

(1)指定第二条尺寸界线原点。确定下一个尺寸的第二条尺寸界线的起始点。用户响应后，AutoCAD 按连续标注方式标注出尺寸，即把上一个尺寸的第二条尺寸界线作为新尺寸标注的第一条尺寸界线标注尺寸，而后 AutoCAD 继续提示：

指定第二条尺寸界线原点或[放弃(U)/选择(S)]<选择>：

此时可再确定下一个尺寸的第二条尺寸界线的起点位置。当用此方式标注出全部尺寸后，在上述同样的提示下按 Enter 键或 Space 键，结束命令的执行。

(2)选择。该选项用于指定连续标注将从哪一个尺寸的尺寸界线引出。执行该选项，AutoCAD 提示：

选择连续标注：

在该提示下选择尺寸界线后，AutoCAD 会继续提示：

指定第二条尺寸界线原点或[放弃(U)/选择(S)]<选择>：

在该提示下标注出的下一个尺寸会以指定的尺寸界线作为其第一条尺寸界线。执行连续尺寸标注时，有时需要先执行“选择(S)”选项来指定引出连续尺寸的尺寸界线。

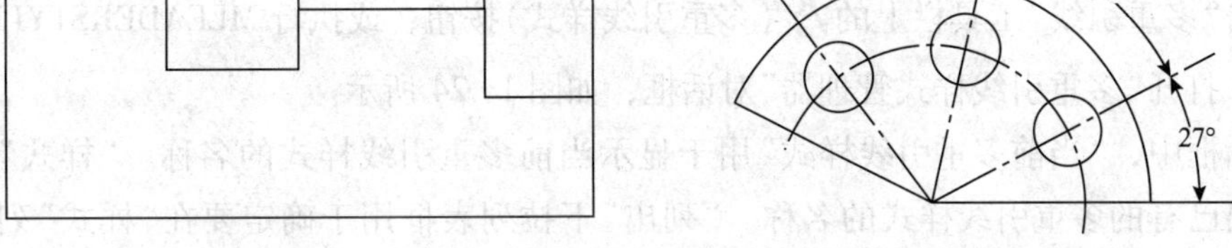

图 1-23　连续标注样式

9. 基线标注　基线标注指各尺寸线从同一条尺寸界线处引出。命令：DIMBASELINE

单击“标注”工具栏上的（基线）按钮，或选择“标注”|“基线”命令，即执行 DIMBASELINE 命令，AutoCAD 提示：

指定第二条尺寸界线原点或[放弃(U)/选择(S)]<选择>：

(1)指定第二条尺寸界线原点。确定下一个尺寸的第二条尺寸界线的起始点。确定后 AutoCAD 按基线标注方式标注出尺寸，而后继续提示：

指定第二条尺寸界线原点或[放弃(U)/选择(S)]<选择>：

此时可再确定下一个尺寸的第二条尺寸界线起点位置。用此方式标注出全部尺寸后，在同样的提示下按 Enter 键或 Space 键，结束命令的执行。

(2)选择(S)。该选项用于指定基线标注时作为基线的尺寸界线。执行该选项，AutoCAD 提示：

选择基准标注：

在该提示下选择尺寸界线后，AutoCAD 继续提示：

指定第二条尺寸界线原点或[放弃(U)/选择(S)]<选择>：

在该提示下标注出的各尺寸均从指定的基线引出。执行基线尺寸标注时，有时需要先执行“选择(S)”选项来指定引出基线尺寸的尺寸界线。

10. 绘圆心标记　为圆或圆弧绘圆心标记或中心线。命令：DIMCENTER

单击“标注”工具栏上的（圆心标记）按钮，或选择“标注”|“圆心标记”命令，即执行 DIMCENTER 命令，AutoCAD 提示：

选择圆弧或圆：

在该提示下选择圆弧或圆即可。

1.1.7　多重引线标注

利用多重引线标注，用户可以标注(标记)注释、说明等。

1. 多重引线样式　用户可以设置多重引线的样式。命令：MLEADERSTYLE

单击“多重引线”工具栏上的（多重引线样式）按钮，或执行 MLEADERSTYLE 命令，AutoCAD 打开“多重引线样式管理器”对话框，如图 1-24 所示。

对话框中，“当前多重引线样式”用于显示当前多重引线样式的名称。“样式”列表框用于列出已有的多重引线样式的名称。“列出”下拉列表框用于确定要在“样式”列表框中列出哪些多重引线样式。“预览”图像框，用于预览在“样式”列表框中所选中的多重引线

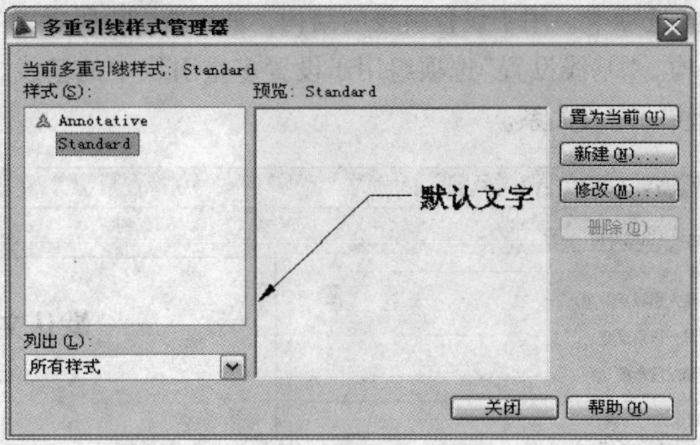

图 1-24 “多重引线样式管理器”对话框

样式的标注效果。“置为当前”按钮用于将指定的多重引线样式设为当前样式。“新建”按钮用于创建新多重引线样式。单击“新建”按钮，AutoCAD 打开“创建新多重引线样式”对话框，如图 1-25 所示。用户可以通过对话框中的“新样式名”文本框指定新样式的名称；通过“基础样式”下拉列表框确定用于创建新样式的基础样式。确定新样式的名称和相关设置后，单击“继续”按钮，AutoCAD 打开对应的对话框。

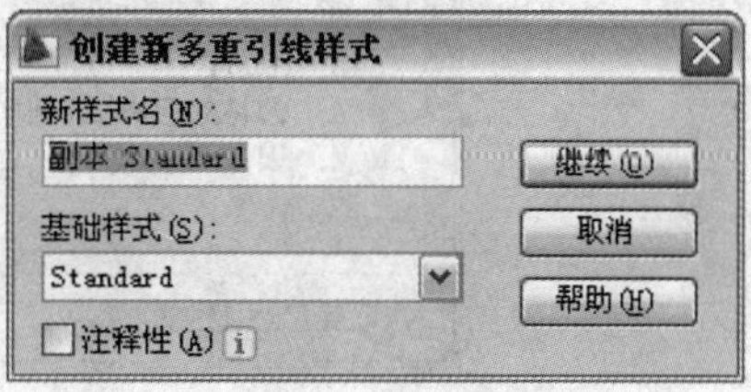

图 1-25 “创建新多重引线样式”对话框

对话框中有“引线格式”、“引线结构”和“内容”3 个选项卡。

(1)“引线格式”选项卡。用于设置引线的格式，如图 1-26 所示。“基本”选项组用于设置引线的外观。“箭头”选项组用于设置箭头的样式与大小。“引线打断”选项用于设置引线打断时的距离值。预览框用于预览对应的引线样式。

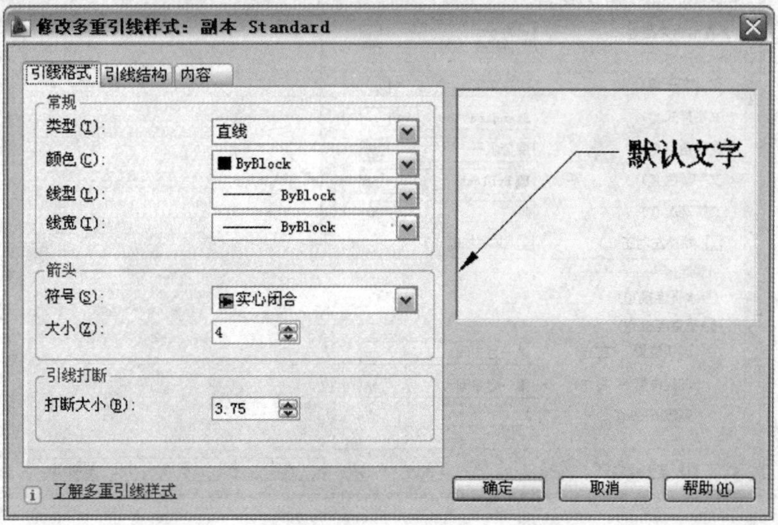

图 1-26 “引线格式”选项卡

(2)“引线结构”选项卡。用于设置引线的结构，如图 1-27 所示。“约束”选项组用于控制多重引线的结构。“基线设置”选项组用于设置多重引线中的基线。“比例”选项组用于设置多重引线标注的缩放关系。

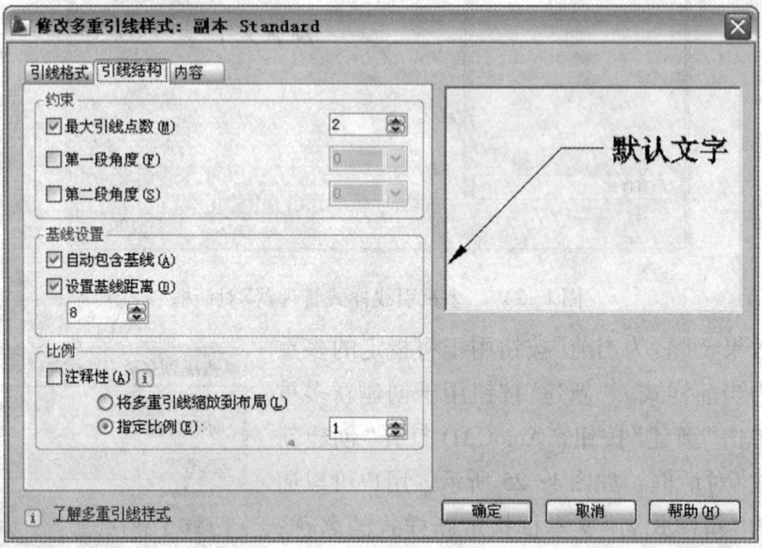

图 1-27 “引线结构”选项卡

(3)“内容”选项卡。用于设置多重引线标注的内容，如图 1-28 所示。“多重引线类型”下拉列表框用于设置多重引线标注类型。“文字选项”选项组用于设置多重引线标注的文字内容。“引线连接”选项组一般用于设置标注出的对象沿垂直方向相对于引线基线的位置。

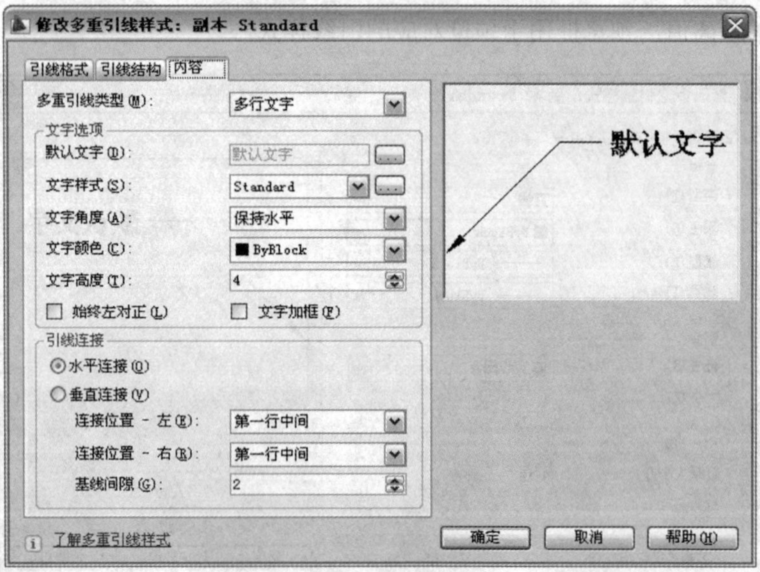

图 1-28 “内容”选项卡

2. 多重引线标注 命令：MLEADER

单击“多重引线”工具栏上的（多重引线）按钮执行，即执行 MLEADER 命令，AutoCAD 提示：

> 指定引线箭头的位置或[引线基线优先(L)/内容优先(C)/选项(O)] <选项>：

提示中，“指定引线箭头的位置”选项用于确定引线的箭头位置；“引线基线优先(L)”和“内容优先(C)”选项分别用于确定将首先确定引线基线的位置还是首先确定标注内容，用户根据需要选择即可；“选项(O)”项用于多重引线标注的设置，执行该选项，AutoCAD 提示：

> 输入选项[引线类型(L)/引线基线(A)/内容类型(C)/最大节点数(M)/第一个角度(F)/第二个角度(S)/退出选项(X)] <内容类型>：

其中，“引线类型(L)”选项用于确定引线的类型；“引线基线(A)”选项用于确定是否使用基线；“内容类型(C)”选项用于确定多重引线标注的内容(多行文字、块或无)；“最大节点数(M)”选项用于确定引线端点的最大数量；“第一个角度(F)”和“第二个角度(S)”选项用于确定前两段引线的方向角度。

执行 MLEADER 命令后，如果在“指定引线箭头的位置或[引线基线优先(L)/内容优先(C)/选项(O)] <选项>：”提示下指定一点，即指定引线的箭头位置后，AutoCAD 提示：

> 指定下一点或[端点(E)] <端点>：(指定点)
> 指定下一点或[端点(E)] <端点>：

在该提示下依次指定各点，然后按 Enter 键，弹出文字编辑器，如图 1-29 所示。

图 1-29 文字编辑器

通过文字编辑器输入对应的多行文字后，单击“文字格式”工具栏上的“确定”按钮，即可完成引线标注。

1.1.8 标注尺寸公差与形位公差

1. 标注尺寸公差 AutoCAD 2010 提供了标注尺寸公差的多种方法。例如，利用前面介绍过的“公差”选项卡中，用户可以通过“公差格式”选项组确定公差的标注格式，如确定以何种方式标注公差以及设置尺寸公差的精度、设置上偏差和下偏差等。通过此选项卡进行设置后再标注尺寸，就可以标注出对应的公差。

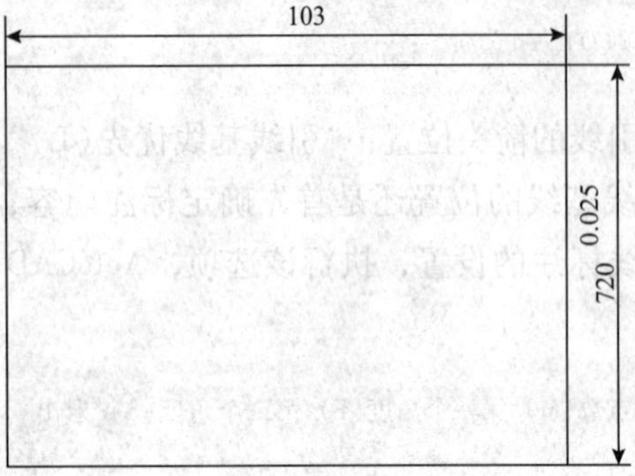

图 1-30　尺寸公差的标注

实际上，标注尺寸时，可以方便地通过在位文字编辑器输入公差。欲完成如图 1-30 所示的尺寸公差的标注，首先选择线性尺寸标注图标，在命令行出现提示时，右击鼠标，选择“多行文字”，弹出多行文字对话框，输入如图 1-30 所示的数据(注意极限偏差的输入数据为 0.025^0)，然后选中极限偏差部分(0.025^0)，单击上面的“堆叠”按钮，形成尺寸公差标注。

2. 标注形位公差　利用 AutoCAD 2010，用户可以方便地为图形标注形位公差。用于标注形位公差的命令是 TOLERANCE，利用“标注”工具栏上的 (公差)按钮或“标注”|“公差”命令可启动该命令。执行 TOLERANCE 命令，弹出“形位公差”对话框，如图 1-31 所示。

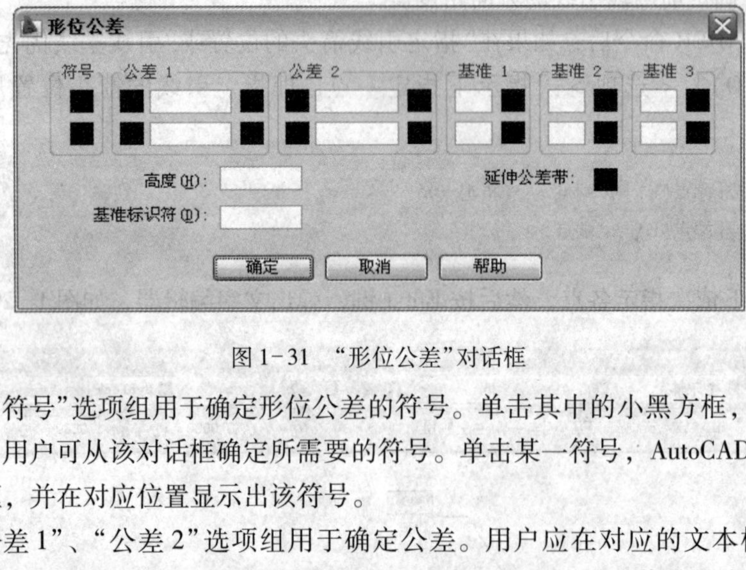

图 1-31　“形位公差”对话框

其中，“符号”选项组用于确定形位公差的符号。单击其中的小黑方框，弹出“特征符号”对话框。用户可从该对话框确定所需要的符号。单击某一符号，AutoCAD 返回到“形位公差”对话框，并在对应位置显示出该符号。

另外“公差 1”、“公差 2”选项组用于确定公差。用户应在对应的文本框中输入公差值。此外，可通过单击位于文本框前边的小方框确定是否在该公差值前加直径符号；单击位于文本框后边的小方框，可从弹出的“包容条件”对话框中确定包容条件。“基准 1”、“基准 2”、“基准 3”选项组用于确定基准和对应的包容条件。

通过“形位公差”对话框确定要标注的内容后，单击对话框中的“确定”按钮，AutoCAD 切换到绘图屏幕，并提示：

```
输入公差位置:
```

在该提示下确定标注公差的位置即可。

1.1.9 编辑尺寸

1. 修改尺寸文字 修改已有尺寸的尺寸文字。命令：DDEDIT

执行 DDEDIT 命令，AutoCAD 提示：

```
选择注释对象或[放弃(U)]：
```

在该提示下选择尺寸，弹出“文字格式”工具栏，并将所选择尺寸的尺寸文字设置为编辑状态，用户可直接对其进行修改，如修改尺寸值、修改或添加公差等。

2. 修改尺寸文字的位置 修改已标注尺寸的尺寸文字的位置。命令：DIMTEDIT

单击“标注”工具栏上(编辑文字标注)按钮，即执行 DIMTEDIT 命令，AutoCAD 提示：

```
选择标注：(选择尺寸)
指定标注文字的新位置或[左(L)/右(R)/中心(C)/默认(H)/角度(A)]：
```

提示中，“指定标注文字的新位置”选项用于确定尺寸文字的新位置，通过鼠标将尺寸文字拖动到新位置后单击拾取键即可；“左(L)”和“右(R)”选项仅对非角度标注起作用，它们分别决定尺寸文字是沿尺寸线左对齐还是右对齐；“中心(C)”选项可将尺寸文字放在尺寸线的中间；“默认(H)”选项将按默认位置、方向放置尺寸文字；“角度(A)”选项可以使尺寸文字旋转指定的角度。

3. 用 DIMEDIT 命令编辑尺寸 DIMEDIT 命令用于编辑已有尺寸。利用“标注”工具栏上的(编辑标注)按钮可启动该命令。执行 DIMEDIT 命令，AutoCAD 提示：

```
输入标注编辑类型[默认(H)/新建(N)/旋转(R)/倾斜(O)]<默认>：
```

其中，“默认”选项会按默认位置和方向放置尺寸文字。“新建”选项用于修改尺寸文字。“旋转”选项可将尺寸文字旋转指定的角度。“倾斜”选项可使非角度标注的尺寸界线旋转一角度。

4. 翻转标注箭头 更改尺寸标注上每个箭头的方向。具体操作是：首先，选择要改变方向的箭头，然后右击，从弹出的快捷菜单中选择“翻转箭头”命令，即可实现尺寸箭头翻转。

5. 调整标注间距 用户可以调整平行尺寸线之间的距离。命令：DIMSPACE

单击“标注”工具栏中的(等距标注)按钮，或选择菜单命令“标注”|“标注间距”，AutoCAD 提示：

```
选择基准标注：(选择作为基准的尺寸)
选择要产生间距的标注：(依次选择要调整间距的尺寸)
选择要产生间距的标注：↙
输入值或[自动(A)]<自动>：
```

如果输入距离值后按 Enter 键，AutoCAD 调整各尺寸线的位置，使它们之间的距离值为指定的值。如何直接按 Enter 键，AutoCAD 会自动调整尺寸线的位置。

6. 折弯线性　折弯线性指将折弯符号添加到尺寸线中。命令：DIMJOGLINE

单击“标注”工具栏中的折弯线性按钮，或选择菜单命令“标注”|“折弯线性”，AutoCAD 提示：

选择要添加折弯的标注或[删除(R)]：(选择要添加折弯的尺寸。“删除(R)”选项用于删除已有的折弯符号)
指定折弯位置(或按 ENTER 键)：

通过拖动鼠标的方式确定折弯的位置。

7. 折断标注　折断标注指在标注或延伸线与其他线重叠处打断标注或延伸线。命令：DIMBREAK

单击“标注”工具栏中的(折断标注)按钮，或选择菜单命令“标注”|“标注打断”，AutoCAD 提示：

选择标注或[多个(M)]：(选择尺寸。可通过“多个(M)”选项选择多个尺寸)
选择要打断标注的对象或[自动(A)/恢复(R)/手动(M)] <自动>：

根据提示操作即可。

1.2　样板文件的建立

1. 建立样板文件的意义

AutoCAD 样板文件是扩展名为 .dwt 的文件，通常包括一些通用图形对象，如图幅框和标题栏等，通常还有一些与绘图相关的标准(或通用)设置，如图层、文字标注样式及尺寸标注样式的设置等。

通过样板文件创建新图形，可以避免一些重复性操作，如绘图环境的设置等。这样，不仅能够提高绘图效率，而且还保证了图形的一致性。当用户基于某一样板文件绘制新图形并以 .dwg 格式(AutoCAD 图形文件格式)保存后，所绘图形对原样板文件无影响。

2. 样板文件的建立与保存

设置了绘图单位、图形界限、图层，定义了对应的文字样式与尺寸样式，绘制了图框与标题栏，即可将图形保存为样板文件(如有必要，还可以进行其他设置)。

选择“文件”/“另存为”命令，打开“图形另存为”对话框。在该对话框中进行相应设置。

从图 1-32 中可以看出，通过指定“文件名”，通过“文件类型”下拉列表将文件保存类型选择为“AutoCAD 图形样板(＊.dwt)”选项，但默认保存在 AutoCAD 安装文件夹下的 Template 目录中。

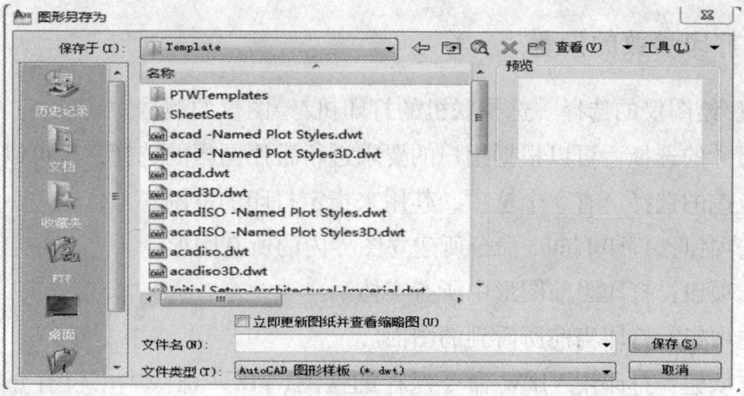

图1-32 样板文件的保存

3. 样板文件的使用

打开样板文件(.dwt)，然后点击"文件"/另存为(.dwg)文件格式即可绘制新图形。

1.3 输出图形

输出图形是计算机绘图中的一个重要环节。在AutoCAD中，可从模型空间直接输出图形，也可设置布局从图纸空间输出图形。介绍从模型空间输出图形的方法。

1.3.1 打印对话框的打开

点击"文件"/"打印"，弹出打印对话框，如图1-33所示。完成"打印机/绘图机"、"图纸尺寸"、"打印区域"、"打印偏移"、"打印比例"等参数的设置。

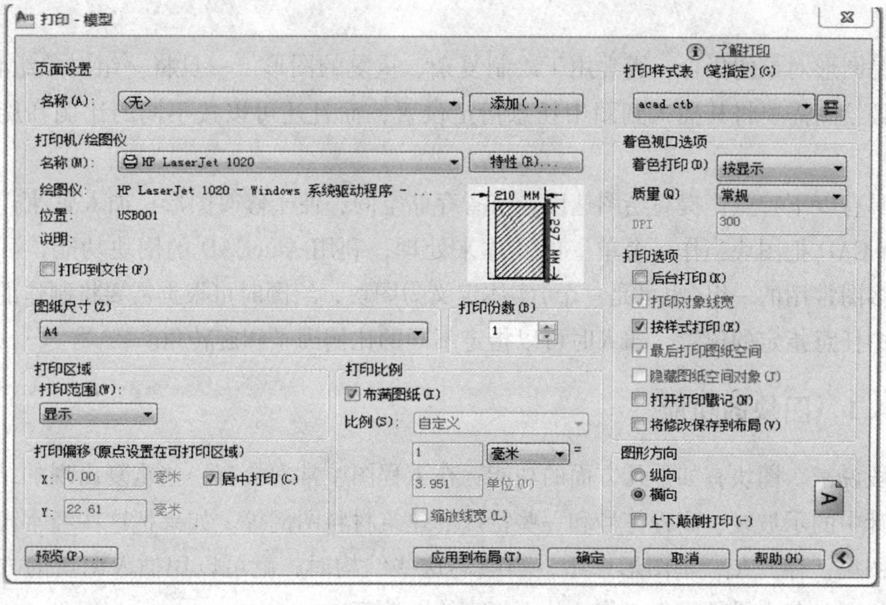

图1-33 打印对话框

1.3.2 打印参数的设置

1. 打印机/绘图仪的选择　选择联机的打印机/绘图仪的型号。

2. 图纸尺寸的选择　可以根据用户的要求进行常用图幅的选择，也可以自定义大小。

3. 打印范围的选择　有5个选项，其用来指定打印的范围。

“界限”选项钮：打印 Limits 命令所建立图界内的所有图形。

“范围”选项钮：打印当前图形中所有实体。

“显示”选项钮：打印当前所看到的图面。

“视图”选项钮：打印用 VIEW 命令保存的视图(VIEW 命令本书没有介绍。当没有用 VIEW 命令保存的视图时，该项不可用)。

“窗口”选项钮：打印指定窗口内的图形部分。其应配合右边的“窗口<”按钮进行。

4. 打印偏移　可以指定原点打印，或者居中打印。

5. 打印比例　可以选择布满图纸，或者指定比例的打印。

6. 其他参数的设置　如“横向”、“纵向”打印可以单击图1-33对话框右下角的箭头按钮在弹出的对话框中进行设置。

“纵向”选项钮：选择该项，无论图纸是纵向还是横向，输出图样的长边将与图纸的长边是垂直的。

“横向”选项钮：选择该项，无论图纸是纵向还是横向，输出图样的长边将与图纸的长边是平行的。

1.4 创建与使用图块

块是图形对象的集合，通常用于绘制复杂、重复的图形。一旦将一组对象组合成块，就可以按绘图需要将其插入到图中任意指定位置，而且还可以按不同的比例和旋转角度插入。

块具有以下特点：提高绘图速度；节省存储空间；便于修改图形；加入属性。

AutoCAD 把图块当作一个单一的实体来处理，利用 AutoCAD 的图块功能，可把一图多用或多图常用的一组(也可是一个)实体定义为图块，绘图时可根据需要将制作的图块插入到图中任意指定的位置，插入时可以指定不同的比例因子和旋转角。

1.4.1 图块的功能

一般说来，图块有如下几方面的功能：在工程图中常常会有一些重复出现的结构，如水工设计中的示坡线、高程符号和一些特殊的建筑材料图例等。如果把这些经常出现的结构做成图块，存放在一个图形库中，当绘制这些结构时，就可以用插入图块的方法来实现，这样可避免大量的重复工作，从而提高绘图速度。

将所绘制的图样存盘后，图中绘制的每一个实体都会增加磁盘上相应图形文件的容量。这是因为AutoCAD必须保存每一个实体的某些信息，如这个实体的类型、位置、定义坐标等。如事先将这些实体定义为图块，对图块的每次插入，AutoCAD仅需要记住这个图块的块名、插入点坐标及相应参数，从而大大节省了磁盘空间。对于比较复杂的结构，而且需要多次绘制时，使用图块就会使这一优点更加显著。

一张工程图往往需要进行多次修改。如在水工或房屋建筑设计中，绘制完一张图样后，发现立面高程符号绘制的不标准，如果立面高程符号不是图块，就需要一处一处的修改，既费时又不方便。如果绘图时将立面高程符号定义成图块绘制，这样只需要将该符号调出进行修改或重新定义，图中所有该立面高程符号均会自动修改。

1.4.2 用BLOCK命令与WBLOCK命令创建图块

1. BLOCK命令与WBLOCK命令创建图块的区别　在AutoCAD中，用BLOCK命令可创建附属图块，用WBLOCK命令可创建独立图块。这两个命令所创建的图块均是使用DDINSERT命令来插入的。

用BLOCK命令创建的附属图块与用WBLOCK命令创建的独立图块主要是保存形式的不同，前者是内存在某一个特定图形文件中，而后者则是以一个独立图形文件的形式存在。用BLOCK命令创建的附属图块，只能用在图块所在的那张图上，不能用于其他图，而且这些图块无论是否使用都在此图形文件中占有容量。所以当创建的图块在图上用量很大，而且其他图又不需要使用它时，应使用该命令。

用WBLOCK命令创建的独立图块，可以在任何图形中被调进插入其中。而且该图块是独立的，不调入时它不会占有所绘图的磁盘空间。所以当创建的图块在多张图中要使用时，应用WBLOCK命令创建独立图块(相当于建图形库)。

无论用哪个命令来创建图块，组成图块的实体都必须事先画出，而且必须是可见的。

组成图块的实体所处的图层是非常重要的。图块可以由绘制在若干图层上的实体组成，AutoCAD将图层的信息保留在图块中。插入图块时，AutoCAD有如下约定：

插入图块时，图块中位于0图层上的实体被绘制在当前图层上；图块中位于其他图层上的实体仍在它原来的图层上绘出。若当前图形中有与图块同名的图层，则图块中该图层上的实体绘制在当前图中同名的图层上；若有不同名的图层，AutoCAD将给当前图增加相应的图层。

2. 用BLOCK命令创建附属图块　附属图块是本张图附属图块，只能在本张图里调用。

(1)输入命令的三种方式：从工具栏单击："定义图块"按钮；拉下拉菜单选取："绘制"/"图块"/"创建…"；从键盘键入：BLOCK。

(2)定义块：将选定的对象定义成块。命令：BLOCK。

单击"绘图"工具栏上的(创建块)按钮，或选择"绘图"|"块"|"创建"命令，即执行BLOCK命令，弹出图1-34所示的"块定义"对话框。对话框中，"名称"文本框用于

确定块的名称。“基点”选项组用于确定块的插入基点位置。“对象”选项组用于确定组成块的对象。“设置”选项组用于进行相应设置。通过“块定义”对话框完成对应的设置后，单击“确定”按钮，即可完成块的创建。

操作步骤：

①输入要创建的附属图块的名称；

②确定图块的插入点；

③选则要定义的实体；

④完成创建。

图 1-34 “块定义”对话框

3. 用 WBLOCK 命令创建独立图块　执行 WBLOCK 该命令，弹出“写块”对话框，如图 1-35 所示。

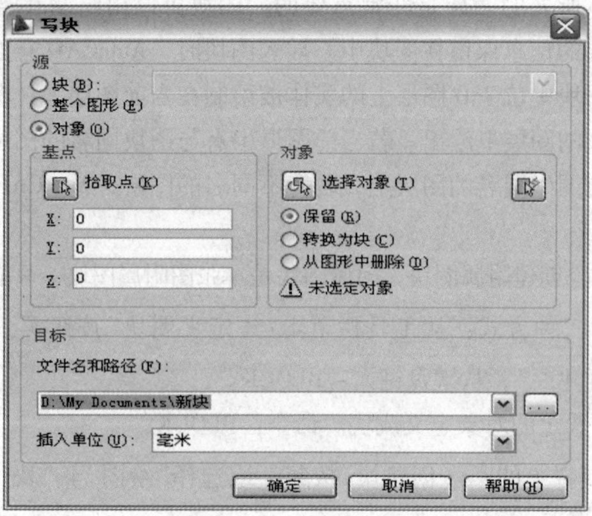

图 1-35 “写块”对话框

对话框中，“源”选项组用于确定组成块的对象来源。“基点”选项组用于确定块的插入基点位置；“对象”选项组用于确定组成块的对象。只有在“源”选项组中选中“对象”单选按钮后，这两个选项组才有效。“目标”选项组确定块的保存名称、保存位置。

用 WBLOCK 命令创建块后，该块以 . dwg 格式保存(AutoCAD 图形文件格式)。

操作步骤：

①选择要定义的实体；

②确定图块的插入点；

③输入要创建的独立图块的名称及路径；

④完成创建。

4. 插入块　为当前图形插入块或图形。命令：INSERT。单击“绘图”工具栏上的(插入块)按钮，或选择“插入”|“块”命令，即执行 INSERT 命令，弹出“插入”话框，如图 1-36 所示。

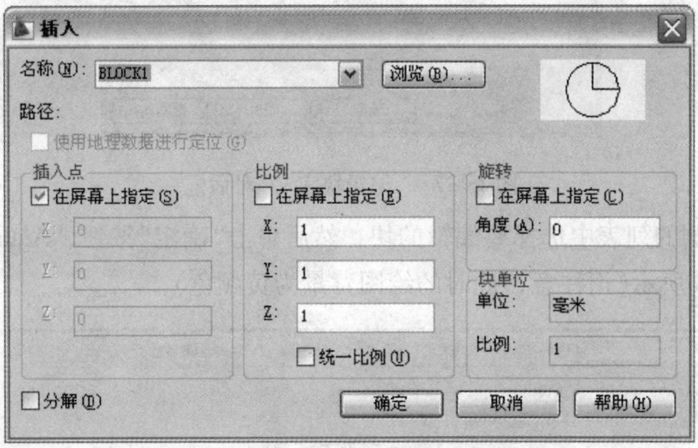

图 1-36　“插入”对话框

对话框中，“名称”下拉列表框确定要插入块或图形的名称。“插入点”选项组确定块在图形中的插入位置。“比例”选项组确定块的插入比例。“旋转”选项组确定块插入时的旋转角度。“块单位”文本框显示有关块单位的信息。

通过“插入”对话框设置了要插入的块以及插入参数后，单击“确定”按钮，即可将块插入到当前图形(如果选择了在屏幕上指定插入点、插入比例或旋转角度，插入块时还应根据提示指定插入点、插入比例等)。

5. 设置插入基点　前面曾介绍过，用 WBLOCK 命令创建的外部块，以 AutoCAD 图形文件格式(即 . DWG 格式)保存。实际上，用户可以用 INSERT 命令将任一 AutoCAD 图形文件插入到当前图形。但是，当将某一图形文件以块的形式插入时，AutoCAD 默认将图形的坐标原点作为块上的插入基点，这样往往会给绘图带来不便。为此，AutoCAD 允许用户为图形重新指定插入基点。用于设置图形插入基点的命令是 BASE，利用“绘图”|“块”|“基点”命令可启动该命令。执行 BASE 命令，AutoCAD 提示：

输入基点:

在此提示下指定一点，即可为图形指定新基点。

6. 编辑块　在块编辑器中打开块定义，以对其进行修改。命令：BEDIT。

单击“标准”工具栏上的（块编辑器）按钮，或选择“工具”|“块编辑器”命令，即执行 BEDIT 命令，弹出“编辑块定义”对话框，如图 1-37 所示。

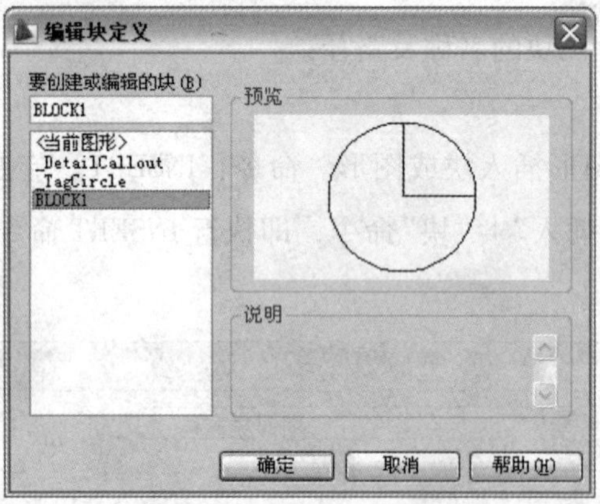

图 1-37　“编辑块定义”对话框

从对话框左侧的列表中选择要编辑的块，然后单击“确定”按钮，AutoCAD 进入块编辑模式，如图 1-38 所示(请注意，此时的绘图背景为黄颜色)。

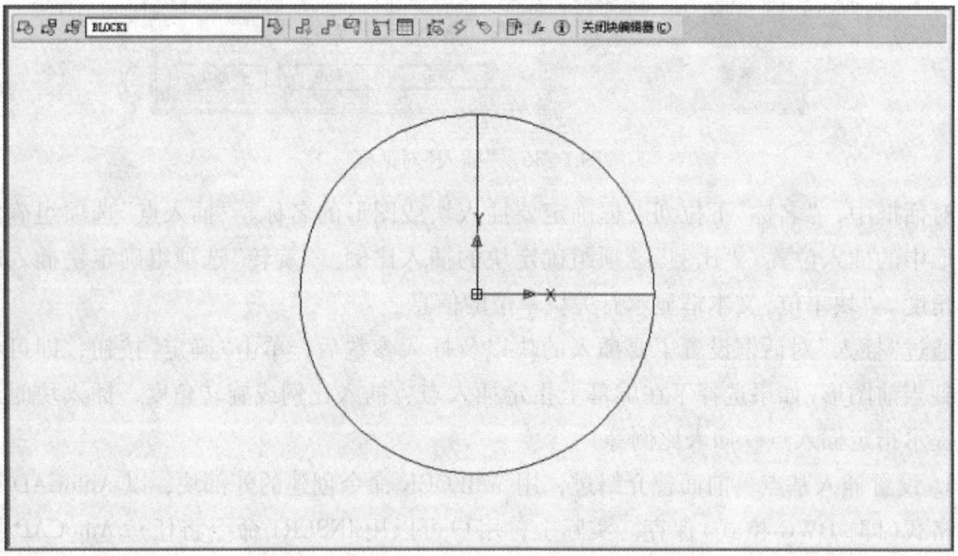

图 1-38　块编辑模式

此时显示出要编辑的块，用户可直接对其进行编辑。编辑块后，单击对应工具栏上的“关闭块编辑器”按钮，AutoCAD 显示如图 1-39 所示的提示窗口，如果用“是”响应，则会关闭块编辑器，并确认对块定义的修改。一旦利用块编辑器修改了块，当前图形中插入的对应块均自动进行对应的修改。

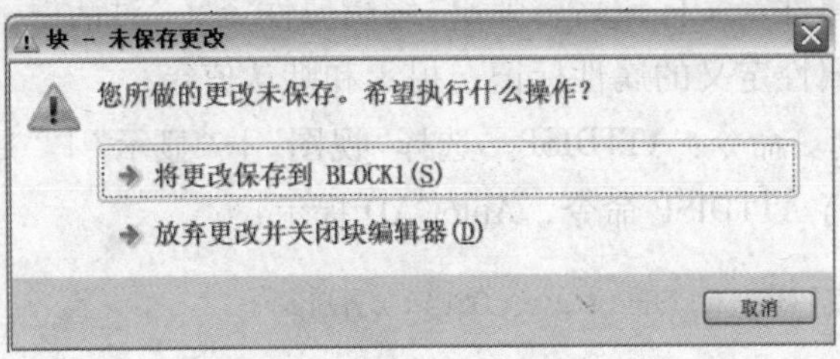

图1-39 提示窗口

7. 属性 属性是从属于块的文字信息，是块的组成部分。

(1)定义属性。命令：ATTDEF。选择“绘图”|“块”|“定义属性”命令，即执行ATTDEF命令，弹出“属性定义”对话框，如图1-40所示。

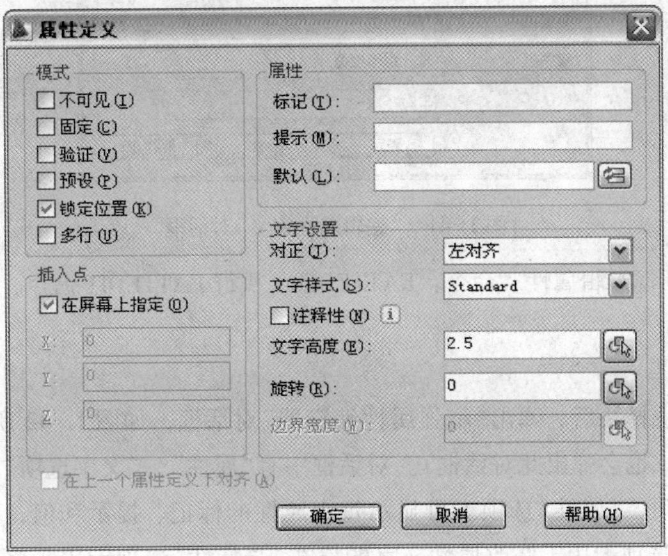

图1-40 “属性定义”对话框

对话框中，“模式”选项组用于设置属性的模式。

“属性”选项组中，“标记”文本框用于确定属性的标记(用户必须指定标记)；“提示”文本框用于确定插入块时AutoCAD提示用户输入属性值的提示信息；“默认”文本框用于设置属性的默认值，用户在各对应文本框中输入具体内容即可。“插入点”选项组确定属性值的插入点，即属性文字排列的参考点。“文字设置”选项组确定属性文字的格式。

确定了“属性定义”对话框中的各项内容后，单击对话框中的“确定”按钮，AutoCAD完成一次属性定义，并在图形中按指定的文字样式、对齐方式显示出属性标记。用户可以用上述方法为块定义多个属性。

(2)修改属性定义。命令：DDEDIT。执行DDEDIT命令，AutoCAD提示：

选择注释对象或[放弃(U)]:

在该提示下选择属性定义标记后，弹出“编辑属性定义”对话框，如图 1-41 所示。可以通过此对话框修改属性定义的属性标记、提示和默认值等。

(3)属性显示控制。命令：ATTDISP。选择“视图”|“显示”|“属性显示”对应的子菜单可实现此操作。执行 ATTDISP 命令，AutoCAD 提示：

输入属性的可见性设置[普通(N)/开(ON)/关(OFF)]<普通>:

其中，“普通(N)”选项表示将按定义属性时规定的可见性模式显示各属性值；“开(ON)”选项将会显示出所有属性值，与定义属性时规定的属性可见性无关；“关(OFF)”选项则不显示所有属性值，与定义属性时规定的属性可见性无关。

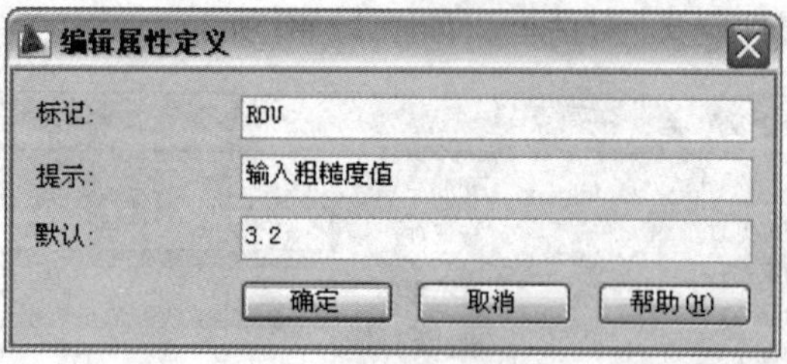

图 1-41 “编辑属性定义”对话框

(4)利用对话框编辑属性。命令：EATTEDIT。执行 EATTEDIT 命令，AutoCAD 提示：

选择块:

在此提示下选择块后，弹出“增强属性编辑器”对话框，如图 1-42 所示(在绘图窗口双击有属性的块，也会弹出此对话框)。对话框中有“属性”、“文字选项”和“特性”三个选项卡和其他一些项。“属性”选项卡可显示每个属性的标记、提示和值，并允许用户修改值。“文字选项”选项卡用于修改属性文字的格式。“特性”选项卡用于修改属性文字的图层以及它的线宽、线型、颜色及打印样式等。

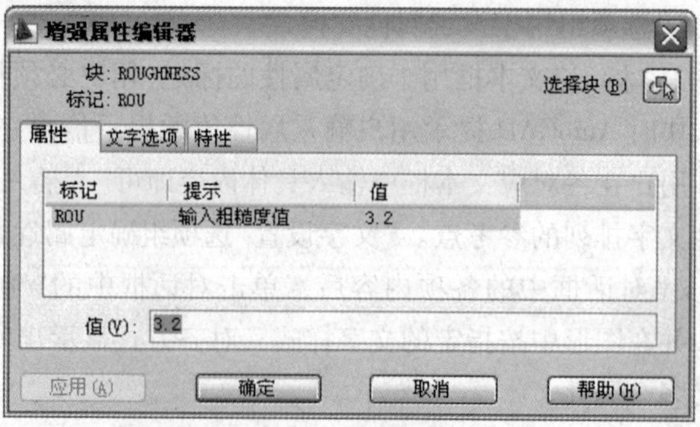

图 1-42 “增强属性编辑器”对话框

1.5 绘制基本二维图形

1.5.1 绘制线

1. 绘制直线 根据指定的端点绘制一系列直线段。命令：LINE。单击“绘图”工具栏上的（直线）按钮，或选择“绘图”|“直线”命令，即执行 LINE 命令，AutoCAD 提示：

> 第一点：（确定直线段的起始点）
>
> 指定下一点或[放弃(U)]：（确定直线段的另一端点位置，或执行“放弃(U)”选项重新确定起始点）
>
> 指定下一点或[放弃(U)]：（可直接按 Enter 键或 Space 键结束命令，或确定直线段的另一端点位置，或执行“放弃(U)”选项取消前一次操作）
>
> 指定下一点或[闭合(C)/放弃(U)]：（可直接按 Enter 键或 Space 键结束命令，或确定直线段的另一端点位置，或执行“放弃(U)”选项取消前一次操作，或执行“闭合(C)”选项创建封闭多边形）
>
> 指定下一点或[闭合(C)/放弃(U)]：↙（也可以继续确定端点位置、执行“放弃(U)”选项、执行“闭合(C)”选项）

执行结果：AutoCAD 绘制出连接相邻点的一系列直线段。

用 LINE 命令绘制出的一系列直线段中的每一条线段均是独立的对象。

动态输入。如果单击状态栏上的 DYN 按钮，使其压下，会启动动态输入功能。启动动态输入并执行 LINE 命令后，AutoCAD 一方面在命令窗口提示“指定第一点：”，同时在光标附近显示出一个提示框（称之为“工具栏提示”），工具栏提示中显示出对应的 AutoCAD 提示“指定第一点：”和光标的当前坐标值，如图 1-43 所示。

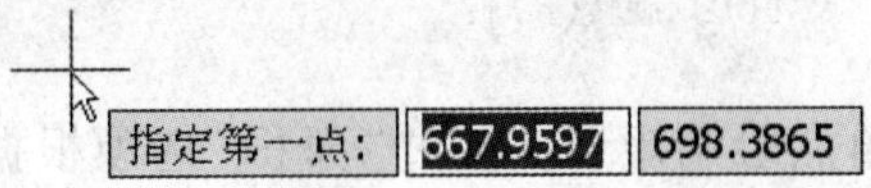

图 1-43 动态输入“工具栏提示”

此时用户移动光标，工具栏提示也会随着光标移动，且显示出的坐标值会动态变化，以反映光标的当前坐标值。

在前面的图所示状态下，用户可以在工具栏提示中输入点的坐标值，而不必切换到命令行进行输入（切换到命令行的方式：在命令窗口中，将光标放到“命令：”提示的后面单击鼠标拾取键）。

动态输入设置。选择“绘图”|“草图设置”命令，弹出“草图设置”对话框。用户可通过该对话框进行对应的设置。

2. 绘制射线 绘制沿单方向无限长的直线。射线一般用作辅助线。

选择“绘图”|“射线”命令，即执行 RAY 命令，AutoCAD 提示：
指定起点：(确定射线的起始点位置)
指定通过点：(确定射线通过的任一点。确定后 AutoCAD 绘制出过起点与该点的射线)
指定通过点：↙(也可以继续指定通过点，绘制过同一起始点的一系列射线)

3. 绘制构造线　绘制沿两个方向无限长的直线。构造线一般用作辅助线。

单击“绘图”工具栏上的 (构造线)按钮，或选择“绘图”|“构造线”命令，即执行 XLINE 命令，AutoCAD 提示：

指定点或[水平(H)/垂直(V)/角度(A)/二等分(B)/偏移(O)]：

其中，“指定点”选项用于绘制通过指定两点的构造线。“水平”选项用于绘制通过指定点的水平构造线。“垂直”选项用于绘制通过指定点的绘制垂直构造线。“角度”选项用于绘制沿指定方向或与指定直线之间的夹角为指定角度的构造线。“二等分”选项用于绘制平分由指定 3 点所确定的角的构造线。“偏移”选项用于绘制与指定直线平行的构造线。

1.5.2　绘制矩形和等边多边形

1. 绘制矩形　根据指定的尺寸或条件绘制矩形。命令：RECTANG。

单击“绘图”工具栏上的 (矩形)按钮，或选择“绘图”|“矩形”命令，即执行 RECTANG 命令，AutoCAD 提示：

指定第一个角点或[倒角(C)/标高(E)/圆角(F)/厚度(T)/宽度(W)]：

其中，“指定第一个角点”选项要求指定矩形的一角点。执行该选项，AutoCAD 提示：

指定另一个角点或[面积(A)/尺寸(D)/旋转(R)]：

此时可通过指定另一角点绘制矩形，通过“面积”选项根据面积绘制矩形，通过“尺寸”选项根据矩形的长和宽绘制矩形，通过“旋转”选项表示绘制按指定角度放置的矩形。

执行 RECTANG 命令时，“倒角”选项表示绘制在各角点处有倒角的矩形。“标高”选项用于确定矩形的绘图高度，即绘图面与 *XY* 面之间的距离。“圆角”选项确定矩形角点处的圆角半径，使所绘制矩形在各角点处按此半径绘制出圆角。“厚度”选项确定矩形的绘图厚度，使所绘制矩形具有一定的厚度。“宽度”选项确定矩形的线宽。

2. 绘制正多边形　单击“绘图”工具栏上的 (正多边形)按钮，或选择“绘图”|“正多边形”命令，即执行 POLYGON 命令，AutoCAD 提示：

指定正多边形的中心点或[边(E)]：

(1)指定正多边形的中心点。此默认选项要求用户确定正多边形的中心点，指定后将利用多边形的假想外接圆或内切圆绘制等边多边形。执行该选项，即确定多边形的中心点后，AutoCAD 提示：

输入选项[内接于圆(I)/外切于圆(C)]：

其中，“内接于圆”选项表示所绘制多边形将内接于假想的圆。“外切于圆”选项表示所绘制多边形将外切于假想的圆。

(2)边。根据多边形某一条边的两个端点绘制多边形。

1.5.3 绘制曲线

1. 绘制圆　单击“绘图”工具栏 (圆)按钮，即执行 CIRCLE 命令，AutoCAD 提示：

指定圆的圆心或[三点(3P)/两点(2P)/相切、相切、半径(T)]

其中，“指定圆的圆心”选项用于根据指定的圆心以及半径或直径绘制圆弧。“三点”选项根据指定的三点绘制圆。“两点”选项根据指定两点绘制圆。“相切、相切、半径”选项用于绘制与已有两对象相切，且半径为给定值的圆。

2. 绘制圆环　选择“绘图”|“圆环”命令，即执行 DONUT 命令，AutoCAD 提示：

指定圆环的内径：(输入圆环的内径)
指定圆环的外径：(输入圆环的外径)
指定圆环的中心点或 <退出>：(确定圆环的中心点位置，或按 Enter 键或 Space 键结束命令的执行

3. 绘制圆弧　AutoCAD 提供了多种绘制圆弧的方法，可通过图 1-44 所示的“圆弧”子菜单执行绘制圆弧操作。

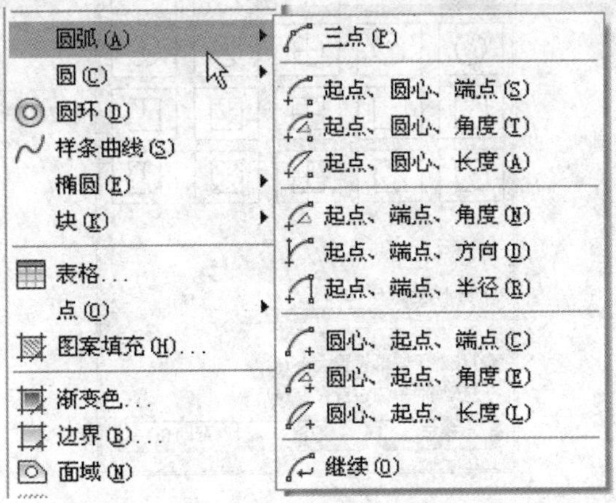

图 1-44　“圆弧”子菜单

例如，选择“绘图”|“圆弧”|“三点”命令，AutoCAD 提示：

指定圆弧的起点或[圆心(C)]：(确定 圆弧的起始点位置)
指定圆弧的第二个点或[圆心(C)/端点(E)]：(确定圆弧上的任一点)
指定圆弧的端点：(确定圆弧的终止点位置)

执行结果：AutoCAD 绘制出由指定三点确定的圆弧。

4. 绘制椭圆和椭圆弧　单击“绘图”工具栏上的(椭圆)按钮，即执行 ELLIPSE 命令，AutoCAD 提示：

指定椭圆的轴端点或[圆弧(A)/中心点(C)]：

其中，“指定椭圆的轴端点”选项用于根据一轴上的两个端点位置等绘制椭圆。“中心点”选项用于根据指定的椭圆中心点等绘制椭圆。“圆弧”选项用于绘制椭圆弧。

1.5.4　绘制点

1. 绘制点　执行 POINT 命令，AutoCAD 提示：

指定点：

在该提示下确定点的位置，AutoCAD 就会在该位置绘制出相应的点。

2. 设置点的样式与大小　选择“格式”|“点样式”命令，即执行 DDPTYPE 命令，弹出“点样式”对话框，如图 1-45 所示。用户可通过该对话框选择自己需要的点样式。此外，还可以利用对话框中的“点大小”编辑框确定点的大小。

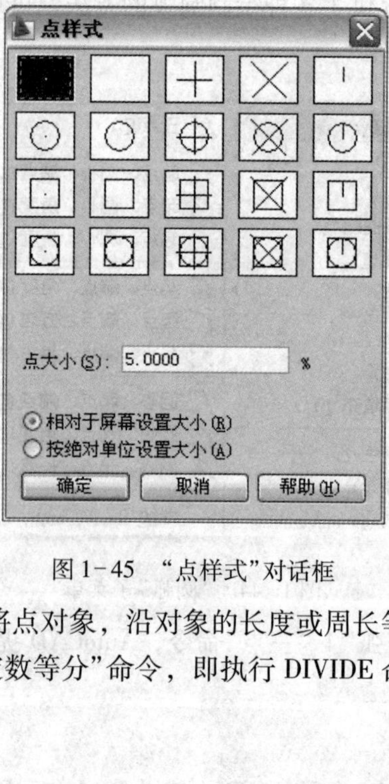

图 1-45　“点样式”对话框

3. 绘制定数等分点　指将点对象，沿对象的长度或周长等间隔排列。

选择“绘图”|“点”|“定数等分”命令，即执行 DIVIDE 命令，AutoCAD 提示：

选择要定数等分的对象：(选择对应的对象)
输入线段数目或[块(B)]：

在此提示下直接输入等分数，即响应默认项，AutoCAD 在指定的对象上绘制出等分点。另外，利用“块(B)”选项可以在等分点处插入块。

4. 绘制定距等分点　指将点对象，在指定的对象上按指定的间隔放置。

选择“绘图”|“点”|“定距等分”命令，即执行 MEASURE 命令，AutoCAD 提示：

选择要定距等分的对象：(选择对象)
指定线段长度或[块(B)]：

在此提示下直接输入长度值，即执行默认项，AutoCAD 在对象上的对应位置绘制出点。同样，可以利用“点样式”对话框设置所绘制点的样式。如果在“指定线段长度或[块(B)]：”提示下执行“块(B)”选项，则表示将在对象上按指定的长度插入块。

1.6　编辑图形

1.6.1　选择对象

1. 选择对象的方式　当启动 AutoCAD 2010 的某一编辑命令或其他某些命令后，AutoCAD 通常会提示“选择对象：”，即要求用户选择要进行操作的对象，同时把十字光标改为小方框形状(称之为拾取框)，此时用户应选择对应的操作对象。选择对象的方式如下：

(1)直接拾取；

(2)选择全部对象；

(3)默认矩形窗口选择方式；

(4)矩形窗口选择方式；

(5)交叉矩形窗口选择方式；

(6)不规则窗口选择方式；

(7)不规则交叉窗口选择方式；

(8)前一个方式；

(9)最后一个方式；

(10)栏选方式；

(11)取消操作。

2. 去(删)除模式　去(删)除模式即将选中的对象移出选择集。此模式的操作方法为：在“选择对象：”提示下用 R 响应，则会切换到去(删)除模式，此时 AutoCAD 提示：

删除对象：

在该提示下，被选中的对象均会退出选择集。

1.6.2 删除对象

删除指定的对象，就像是用橡皮擦除图纸上不需要的内容。命令：ERASE。单击“修改”工具栏上的（删除）按钮，或选择“修改”|“删除”命令，即执行 ERASE 命令，AutoCAD 提示：

选择对象：（选择要删除的对象）
选择对象：↙（也可以继续选择对象）

1.6.3 移动对象

将选中的对象从当前位置移到另一位置，即更改图形在图纸上的位置。命令：MOVE。单击“修改”工具栏上的（移动）按钮，或选择“修改”|“移动”命令，即执行 MOVE 命令，AutoCAD 提示：

选择对象：（选择要移动位置的对象）
选择对象：↙（也可以继续选择对象）
指定基点或[位移(D)] <位移>：

1. 指定基点　确定移动基点，为默认项。执行该默认项，即指定移动基点后，AutoCAD 提示：

指定第二个点或 <使用第一个点作为位移>：

在此提示下指定一点作为位移第二点，或直接按 Enter 键或 Space 键，将第一点的各坐标分量(也可以看成为位移量)作为移动位移量移动对象。

2. 位移　根据位移量移动对象。执行该选项，AutoCAD 提示：

指定位移：

如果在此提示下输入坐标值(直角坐标或极坐标)，AutoCAD 将所选择对象按与各坐标值对应的坐标分量作为移动位移量移动对象。

1.6.4 复制对象

复制对象指将选定的对象复制到指定位置。命令：COPY。单击“修改”工具栏上的（复制）按钮，或选择“修改”|“复制”命令，即执行 COPY 命令，AutoCAD 提示：

选择对象：（选择要复制的对象）
选择对象：↙（也可以继续选择对象）
指定基点或[位移(D)/模式(O)] <位移>：

1. 指定基点　确定复制基点，为默认项。执行该默认项，即指定复制基点后，AutoCAD 提示：

```
指定第二个点或 <使用第一个点作为位移>：
```

在此提示下再确定一点，AutoCAD 将所选择对象，按由两点确定的位移矢量复制到指定位置；如果在该提示下直接按 Enter 键或 Space 键，AutoCAD 将第一点的各坐标分量作为位移量复制对象。

2. 位移　根据位移量复制对象。执行该选项，AutoCAD 提示：

```
指定位移：
```

如果在此提示下输入坐标值(直角坐标或极坐标)，AutoCAD 将所选择对象按与各坐标值对应的坐标分量作为位移量复制对象。

3. 模式(O)　确定复制模式。执行该选项，AutoCAD 提示：

```
输入复制模式选项[单个(S)/多个(M)] <多个>：
```

其中，“单个(S)”选项表示执行 COPY 命令后只能对选择的对象执行一次复制，而“多个(M)”选项表示可以多次复制，AutoCAD 默认为“多个(M)”。

1.6.5 旋转对象

旋转对象指将指定的对象绕指定点(称其为基点)旋转指定的角度。

单击“修改”工具栏上的(旋转)按钮，或选择“修改”|“旋转”命令，即执行 ROTATE 命令，AutoCAD 提示：

```
选择对象：(选择要旋转的对象)
选择对象：↙(也可以继续选择对象)
指定基点：(确定旋转基点)
指定旋转角度，或[复制(C)/参照(R)]：
```

1. 指定旋转角度　输入角度值，AutoCAD 会将对象绕基点转动该角度。在默认设置下，角度为正时沿逆时针方向旋转，反之沿顺时针方向旋转。

2. 复制　创建出旋转对象后仍保留原对象。

3. 参照(R)　以参照方式旋转对象。执行该选项，AutoCAD 提示：

```
指定参照角：(输入参照角度值)
指定新角度或[点(P)] <0>：(输入新角度值，或通过“点(P)”选项指定两点来确定新角度)
```

执行结果：AutoCAD 根据参照角度与新角度的值自动计算旋转角度(旋转角度 = 新角度 - 参照角度)，然后将对象绕基点旋转该角度。

1.6.6 缩放对象

缩放对象指放大或缩小指定的对象。命令：SCALE。单击"修改"工具栏上的（缩放）按钮，或选择"修改" | "缩放"命令，即执行 SCALE 命令，AutoCAD 提示：

> 选择对象：(选择要缩放的对象)
> 选择对象：↙(也可以继续选择对象)
> 指定基点：(确定基点位置)
> 指定比例因子或[复制(C)/参照(R)]：

1. 指定比例因子　确定缩放比例因子，为默认项。执行该默认项，即输入比例因子后按 Enter 键或 Space 键，AutoCAD 将所选择对象根据该比例因子相对于基点缩放，且 0 < 比例因子 < 1 时缩小对象，比例因子 > 1 时放大对象。

2. 复制(C)　创建出缩小或放大的对象后仍保留原对象。执行该选项后，根据提示指定缩放比例因子即可。

3. 参照(R)　将对象按参照方式缩放。执行该选项，AutoCAD 提示：

> 指定参照长度：(输入参照长度的值)
> 指定新的长度或[点(P)]：(输入新的长度值或通过"点(P)"选项通过指定两点来确定长度值)

执行结果：AutoCAD 根据参照长度与新长度的值自动计算比例因子(比例因子 = 新长度值 ÷ 参照长度值)，并进行对应的缩放。

1.6.7 偏移对象

创建同心圆、平行线或等距曲线。偏移操作又称为偏移复制。命令：OFFSET。单击"修改"工具栏上的（偏移）按钮，或选择"修改" | "偏移"命令，即执行 OFFSET 命令，AutoCAD 提示：

> 指定偏移距离或[通过(T)/删除(E)/图层(L)] <通过>：

1. 指定偏移距离　根据偏移距离偏移复制对象。在"指定偏移距离或[通过(T)/删除(E)/图层(L)]："提示下直接输入距离值，AutoCAD 提示：

> 选择要偏移的对象，或[退出(E)/放弃(U)] <退出>：(选择偏移对象)
> 指定要偏移的那一侧上的点，或[退出(E)/多个(M)/放弃(U)] <退出>：(在要复制到的一侧任意确定一点。"多个(M)"选项用于实现多次偏移复制)
> 选择要偏移的对象，或[退出(E)/放弃(U)] <退出>：↙(可继续选择对象进行偏移复制)

2. 通过　使偏移复制后得到的对象通过指定的点。

3. 删除　实现偏移源对象后删除源对象。

4. 图层　确定将偏移对象创建在当前图层上还是源对象所在的图层上。

1.6.8 镜像对象

将选中的对象相对于指定的镜像线进行镜像。命令：MIRROR。单击“修改”工具栏上 (镜像)按钮，或选择“修改”|“镜像”命令，即执行 MIRROR 命令，AutoCAD 提示：

> 选择对象：(选择要镜像的对象)
> 选择对象：↙(也可以继续选择对象)
> 指定镜像线的第一点：(确定镜像线上的一点)
> 指定镜像线的第二点：(确定镜像线上的另一点)
> 是否删除源对象？[是(Y)/否(N)] <N>：(根据需要响应即可)

1.6.9 阵列对象

将选中的对象进行矩形或环形多重复制。命令：ARRAY

单击“修改”工具栏上的 (阵列)按钮，或选择“修改”|“阵列”命令，即执行 ARRAY 命令，弹出“阵列”对话框，如图 1-46 所示。

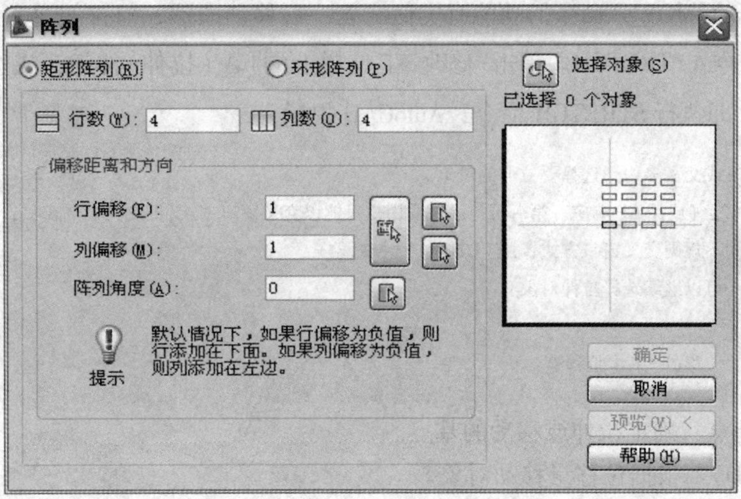

图 1-46 “阵列”对话框

可利用此对话框形象、直观地进行矩形或环形阵列的相关设置，并实施阵列。

1. 矩形阵列 前面的图 1-46 为矩形阵列对话框(即选中了对话框中的“矩形阵列”单选按钮)。利用其选择阵列对象，并设置阵列行数、列数、行间距、列间距等参数后，即可实现阵列。

2. 环形阵列 图 1-47 是环形阵列对话框(即选中了对话框中的“环形阵列”单选按钮)。利用其选择阵列对象，并设置了阵列中心点、填充角度等参数后，即可实现阵列。

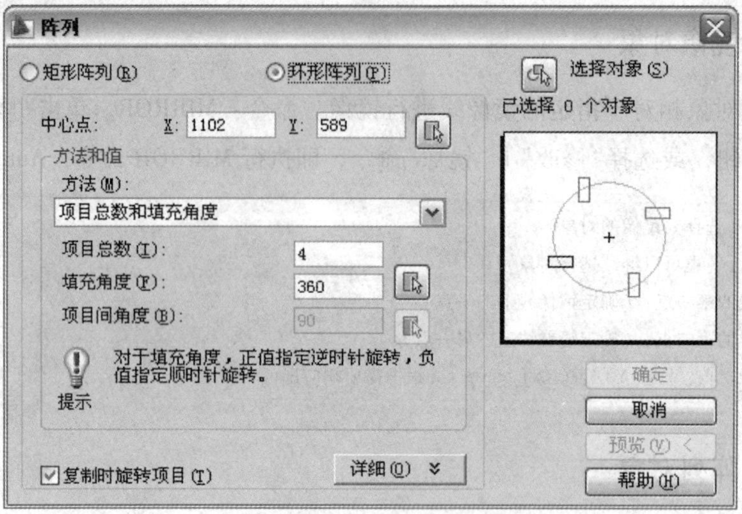

图 1-47 “环形阵列”对话框

1.6.10 拉伸对象

拉伸与移动(MOVE)命令的功能有类似之处，可移动图形，但拉伸通常用于使对象拉长或压缩。命令：STRETCH。单击“修改”工具栏上的 (拉伸)按钮，或选择“修改”|“拉伸”命令，即执行 STRETCH 命令，AutoCAD 提示：

“以交叉窗口或交叉多边形选择要拉伸的对象...”

选择对象：C↙(或用 CP 响应。第一行提示说明用户只能以交叉窗口方式(即交叉矩形窗口，用 C 响应)或交叉多边形方式(即不规则交叉窗口方式，用 CP 响应)选择对象)

选择对象：(可以继续选择拉伸对象)

选择对象：↙

指定基点或[位移(D)]<位移>：

1. 指定基点　确定拉伸或移动的基点。
2. 位移(D)　根据位移量移动对象。

1.6.11 修改对象的长度

改变线段或圆弧的长度。命令：LENGTHEN。选择“修改”|“拉长”命令，即执行 LENGTHEN 命令，AutoCAD 提示：

选择对象或[增量(DE)/百分数(P)/全部(T)/动态(DY)]：

1. 选择对象　显示指定直线或圆弧的现有长度和包含角(对于圆弧而言)。
2. 增量　通过设定长度增量或角度增量改变对象的长度。执行此选项，AutoCAD 提示：

输入长度增量或[角度(A)]：

在此提示下确定长度增量或角度增量后，再根据提示选择对象，可使其长度改变。

3. 百分数　使直线或圆弧按百分数改变长度。

4. 全部　根据直线或圆弧的新长度或圆弧的新包含角改变长度。

5. 动态　以动态方式改变圆弧或直线的长度。

1.6.12　修改对象的长度

用作为剪切边的对象修剪指定的对象（称后者为被剪边），即将被修剪对象沿修剪边界（即剪切边）断开，并删除位于剪切边一侧或位于两条剪切边之间的部分。

命令：TRIM。单击“修改”工具栏上的（修剪）按钮，或选择“修改”|“修剪”命令，即执行 TRIM 命令，AutoCAD 提示：

“选择剪切边...”
选择对象或 <全部选择>：（选择作为剪切边的对象，按 Enter 键选择全部对象）
选择对象↙（还可以继续选择对象）
选择要修剪的对象，或按住 Shift 键选择要延伸的对象，或：
[栏选(F)/窗交(C)/投影(P)/边(E)/删除(R)/放弃(U)]：

1. 选择要修剪的对象或按住 Shift 键选择要延伸的对象　在上面的提示下选择被修剪对象，AutoCAD 会以剪切边为边界，将被修剪对象上位于拾取点一侧的多余部分或将位于两条剪切边之间的部分剪切掉。如果被修剪对象没有与剪切边相交，在该提示下按下 Shift 键后选择对应的对象，AutoCAD 则会将其延伸到剪切边。

2. 栏选(F)　以栏选方式确定被修剪对象。

3. 窗交(C)　使与选择窗口边界相交的对象作为被修剪对象。

4. 投影(P)　确定执行修剪操作的空间。

5. 边(E)　确定剪切边的隐含延伸模式。

6. 删除(R)　删除指定的对象。

7. 放弃(U)　取消上一次的操作。

1.6.13　延伸对象

将指定的对象延伸到指定边界。命令：EXTEND。单击“修改”工具栏上的（延伸）按钮，或选择“修改”|“延伸”命令，即执行 EXTEND 命令，AutoCAD 提示：

“选择边界的边...”
选择对象或 <全部选择>：（选择作为边界边的对象，按 Enter 键则选择全部对象）
选择对象：↙（也可以继续选择对象）
选择要延伸的对象，或按住 Shift 键选择要修剪的对象，或：
[栏选(F)/窗交(C)/投影(P)/边(E)/放弃(U)]：

1. 选择要延伸的对象或按住 Shift 键选择要修剪的对象　选择对象进行延伸或修剪，为默认项。用户在该提示下选择要延伸的对象，AutoCAD 把该对象延长到指定的边界对象。如果延伸对象与边界交叉，在该提示下按下 Shift 键，然后选择对应的对象，那么 AutoCAD 会修剪它，即将位于拾取点一侧的对象用边界对象将其修剪掉。

2. 栏选(F)　以栏选方式确定被延伸对象。

3. 窗交(C)　使与选择窗口边界相交的对象作为被延伸对象。

4. 投影(P)　确定执行延伸操作的空间。

5. 边(E)　确定延伸的模式。

6. 放弃(U)　取消上一次的操作。

1.6.14　打断对象

从指定的点处将对象分成两部分，或删除对象上所指定两点之间的部分。命令：BREAK。

选择"修改" | "打断"命令，即执行 BREAK 命令，AutoCAD 提示：

```
选择对象：(选择要断开的对象。此时只能选择一个对象)
指定第二个打断点或[第一点(F)]：
```

1. 指定第二个打断点　此时 AutoCAD 以用户选择对象时的拾取点作为第一断点，并要求确定第二断点。用户可以有以下选择：

如果直接在对象上的另一点处单击拾取键，AutoCAD 将对象上位于两拾取点之间的对象删除掉。

如果输入符号"@"后按 Enter 键或 Space 键，AutoCAD 在选择对象时的拾取点处将对象一分为二。

如果在对象的一端之外任意拾取一点，AutoCAD 将两拾取点之间的那段对象删除掉。

2. 第一点(F)　重新确定第一断点。执行该选项，AutoCAD 提示：

```
指定第一个打断点：(重新确定第一断点)
指定第二个打断点：
```

在此提示下，可以按前面介绍的三种方法确定第二断点。

1.6.15　创建倒角

在两条直线之间创建倒角。命令：CHAMFER。单击"修改"工具栏上的(倒角)按钮，或选择"修改" | "倒角"命令，即执行 CHAMFER 命令，AutoCAD 提示：

```
("修剪"模式)当前倒角距离 1 = 0.0000，距离 2 = 0.0000
选择第一条直线或[放弃(U)/多段线(P)/距离(D)/角度(A)/修剪(T)/方式(E)/多个(M)]：
```

提示的第一行说明当前倒角操作属于“修剪”模式，且第一、第二倒角距离分别为1和2。

1. 选择第一条直线　要求选择进行倒角的第一条线段，为默认项。选择某一线段，即执行默认项后，AutoCAD 提示：

```
选择第二条直线，或按住 Shift 键选择要应用角点的直线：
```

在该提示下选择相邻的另一条线段即可。

2. 多段线(P)　对整条多段线倒角。

3. 距离(D)　设置倒角距离。

4. 角度(A)　根据倒角距离和角度设置倒角尺寸。

5. 修剪(T)　确定倒角后是否对相应的倒角边进行修剪。

6. 方式(E)　确定将以什么方式倒角，即根据已设置的两倒角距离倒角，还是根据距离和角度设置倒角。

7. 多个(M)　如果执行该选项，当用户选择了两条直线进行倒角后，可以继续对其他直线倒角，不必重新执行 CHAMFER 命令。

8. 放弃(U)　放弃已进行的设置或操作。

1.6.16　创建圆角

为对象创建圆角。命令：FILLET。单击“修改”工具栏上的(圆角)按钮，或选择“修改”|“圆角”命令，即执行 FILLET 命令，AutoCAD 提示：

```
当前设置：模式 = 修剪，半径 = 0.0000
选择第一个对象或[放弃(U)/多段线(P)/半径(R)/修剪(T)/多个(M)]：
```

提示中，第一行说明当前的创建圆角操作采用了“修剪”模式，且圆角半径为0。第二行的含义如下：

1. 选择第一个对象　此提示要求选择创建圆角的第一个对象，为默认项。用户选择后，AutoCAD 提示：

```
选择第二个对象，或按住 Shift 键选择要应用角点的对象：
```

在此提示下选择另一个对象，AutoCAD 按当前的圆角半径设置对它们创建圆角。如果按住 Shift 键选择相邻的另一对象，则可以使两对象准确相交。

2. 多段线(P)　对二维多段线创建圆角。

3. 半径(R)　设置圆角半径。

4. 修剪(T)　确定创建圆角操作的修剪模式。

5. 多个(M)　执行该选项且用户选择两个对象创建出圆角后，可以继续对其他对象创建圆角，不必重新执行 FILLET 命令。

1.6.17　利用夹点功能编辑图形

夹点是一些实心小方框。当在“命令:”提示下直接选择对象后，在对象的各关键点处就会显示出夹点(又称为特征点)。用户可以通过拖动这些夹点的方式方便地进行拉伸、移动、旋转、缩放以及镜像等编辑操作。

1.7　图形显示控制、精确绘图

1.7.1　图形显示缩放

图形显示缩放只是将屏幕上的对象放大或缩小其视觉尺寸，就像用放大镜或缩小镜(如果有的话)观看图形一样，从而可以放大图形的局部细节，或缩小图形观看全貌。执行显示缩放后，对象的实际尺寸仍保持不变。

利用 ZOOM 命令实现缩放；利用菜单命令或工具栏实现缩放。AutoCAD 2010 提供了用于实现缩放操作的菜单命令和工具栏按钮，利用它们可以快速执行缩放操作。

图 1-48、图 1-49 分别是“缩放”子菜单(位于“视图”下拉菜单)和“缩放”工具栏，利用它们可实现对应的缩放。

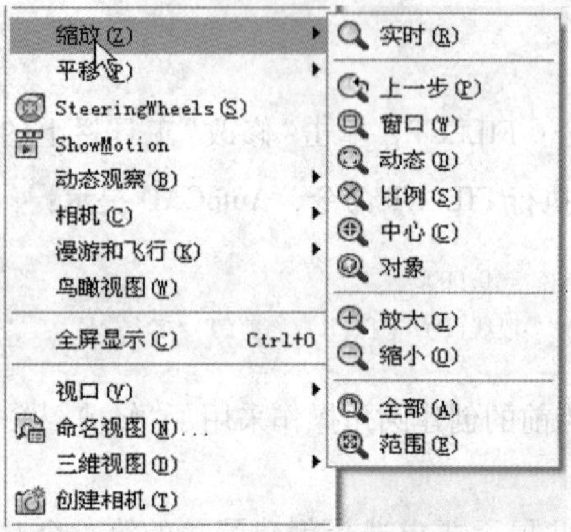

图 1-48　“缩放”子菜单

图 1-49　“缩放”工具栏

1.7.2 图形显示移动

图形显示移动是指移动整个图形，就像是移动整个图纸，以便使图纸的特定部分显示在绘图窗口。执行显示移动后，图形相对于图纸的实际位置并不发生变化。

PAN 命令用于实现图形的实时移动。执行该命令，AutoCAD 在屏幕上出现一个小手光标，并提示：

按 Esc 或 Enter 键退出，或单击右键显示快捷菜单。

同时在状态栏上提示："按住拾取键并拖动进行平移"。此时按下拾取键并向某一方向拖动鼠标，就会使图形向该方向移动；按 Esc 键或 Enter 键可结束 PAN 命令的执行；如果右击，AutoCAD 会弹出快捷菜单供用户选择。

另外，AutoCAD 还提供了用于移动操作的命令，这些命令位于"视图"|"平移"子菜单中，如图 1-50 所示。利用其可执行各种移动操作。

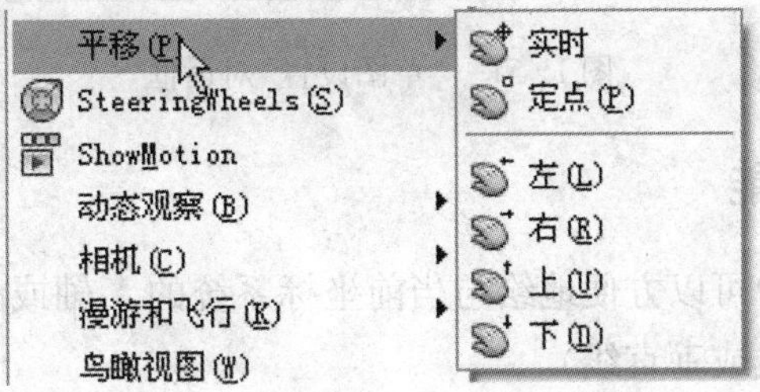

图 1-50 "视图"|"平移"子菜单

1.7.3 栅格捕捉、栅格显示

利用栅格捕捉，可以使光标在绘图窗口按指定的步距移动，就像在绘图屏幕上隐含分布着按指定行间距和列间距排列的栅格点，这些栅格点对光标有吸附作用，即能够捕捉光标，使光标只能落在由这些点确定的位置上，从而使光标只能按指定的步距移动。栅格显示是指在屏幕上显式分布一些按指定行间距和列间距排列的栅格点，就像在屏幕上铺了一张坐标纸。用户可根据需要设置是否启用栅格捕捉和栅格显示功能，还可以设置对应的间距。

利用"草图设置"对话框中的"捕捉和栅格"选项卡可进行栅格捕捉与栅格显示方面的设置。选择"工具"|"草图设置"命令，弹出"草图设置"对话框，如图 1-51 所示。对话框中的"捕捉和栅格"选项卡用于栅格捕捉、栅格显示方面的设置（在状态栏上的"捕捉"或"栅格"按钮上右击，从快捷菜单中选择"设置"命令，也可以打开"草图设置"对话框）。

对话框中，"启用捕捉"、"启用栅格"复选框分别用于起用捕捉和栅格功能。"捕捉间距"、"栅格间距"选项组分别用于设置捕捉间距和栅格间距。用户可通过此对话框进行其他设置。

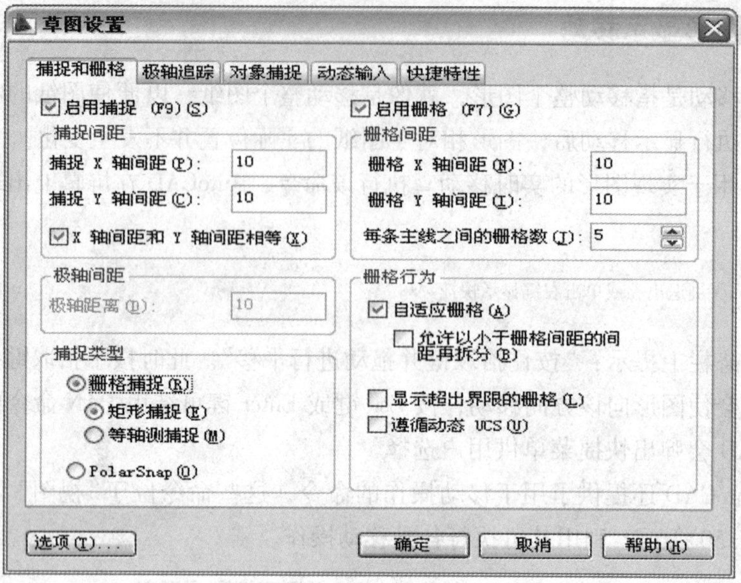

图 1-51 “草图设置”对话框

1.7.4 示正交功能

利用正交功能，用户可以方便地绘与当前坐标系统的 X 轴或 Y 轴平行的线段(对于二维绘图而言，就是水平线或垂直线)。

单击状态栏上的“正交”按钮可快速实现正交功能启用与否的切换。

1.7.5 对象捕捉

利用对象捕捉功能，在绘图过程中可以快速、准确地确定一些特殊点，如圆心、端点、中点、切点、交点、垂足等。

可以通过“对象捕捉”工具栏和对象捕捉菜单，如图 1-52、图 1-53 所示(按下 Shift 键后右击可弹出此快捷菜单)启动对象捕捉功能。

可以捕捉端点、捕捉中点、捕捉交点、捕捉外观交点、捕捉延伸点、捕捉圆心、捕捉象限点、捕捉切点、捕捉垂足、捕捉到平行线、捕捉到插入点、捕捉到节点、捕捉到最近点、临时追踪点、相对于已有点得到特殊点。

图 1-52 “对象捕捉”工具栏图

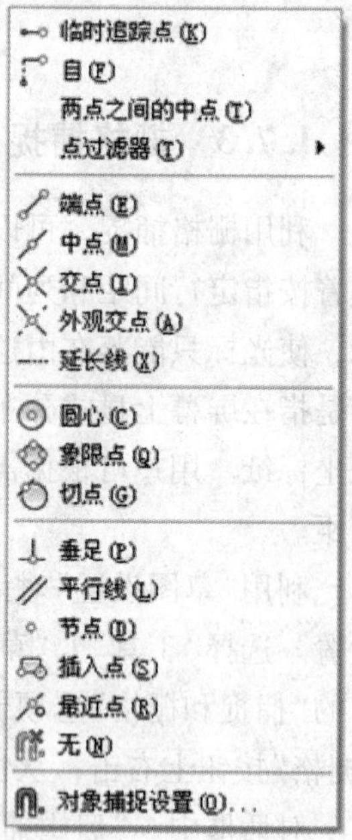

图 1-53 对象捕捉菜单

1.7.6 对象自动捕捉

对象自动捕捉(简称自动捕捉)又称为隐含对象捕捉，利用此捕捉模式可以使 AutoCAD 自动捕捉到某些特殊点。

选择“工具”|“草图设置”命令，从弹出的“草图设置”对话框中选择“对象捕捉”选项卡，如图 1-54 所示(在状态栏上的“对象捕捉”按钮上右击，从快捷菜单选择“设置”命令，也可以打开此对话框)。

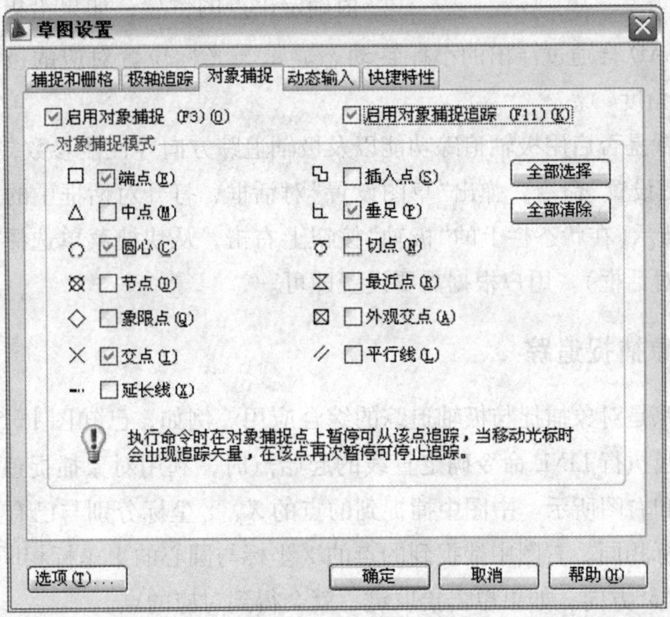

图 1-54 “草图设置”对话框

在“对象捕捉”选项卡中，可以通过“对象捕捉模式”选项组中的各复选框确定自动捕捉模式，即确定使 AutoCAD 将自动捕捉到哪些点；“启用对象捕捉”复选框用于确定是否启用自动捕捉功能；“启用对象捕捉追踪”复选框则用于确定是否启用对象捕捉追踪功能，后面将介绍该功能。

利用“对象捕捉”选项卡设置默认捕捉模式并启用对象自动捕捉功能后，在绘图过程中每当 AutoCAD 提示用户确定点时，如果使光标位于对象上在自动捕捉模式中设置的对应点的附近，AutoCAD 会自动捕捉到这些点，并显示出捕捉到相应点的小标签，此时单击拾取键，AutoCAD 就会以该捕捉点为相应点。

1.7.7 极轴追踪对象自动捕捉

所谓极轴追踪，是指当 AutoCAD 提示用户指定点的位置时(如指定直线的另一端点)，拖动光标，使光标接近预先设定的方向(即极轴追踪方向)，AutoCAD 会自动将橡皮筋线吸附到该方向，同时沿该方向显示出极轴追踪矢量，并浮出一小标签，说明当前光标位置相

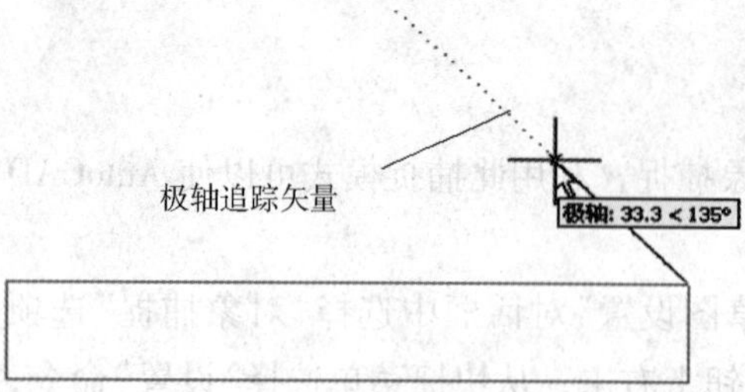

图 1-55　极轴追踪示意图

对于前一点的极坐标，如图 1-55 所示。

可以看出，当前光标位置相对于前一点的极坐标为 33.3 < 135°，即两点之间的距离为 33.3，极轴追踪矢量与 *X* 轴正方向的夹角为 135°。此时单击拾取键，AutoCAD 会将该点作为绘图所需点；如果直接输入一个数值(如输入 50)，AutoCAD 则沿极轴追踪矢量方向按此长度值确定出点的位置；如果沿极轴追踪矢量方向拖动鼠标，AutoCAD 会通过浮出的小标签动态显示与光标位置对应的极轴追踪矢量的值(即显示“距离 < 角度”)。

用户可以设置是否启用极轴追踪功能以及极轴追踪方向等性能参数，设置过程为：选择“工具”|“草图设置”命令，弹出“草图设置”对话框，打开对话框中的“极轴追踪”选项卡，如图 1-56 所示(在状态栏上的“极轴”按钮上右击，从快捷菜单选择“设置”命令，也可以打开对应的对话框)。用户根据需要设置即可。

1.7.8　对象捕捉追踪

对象捕捉追踪是对象捕捉与极轴追踪的综合应用。例如，已知图 1-57 左图中有一个圆和一条直线，当执行 LINE 命令确定直线的起始点时，利用对象捕捉追踪可以找到一些特殊点，如中图和右图所示。中图中捕捉到的点的 *X*、*Y* 坐标分别与已有直线端点的 *X* 坐标和圆心的 *Y* 坐标相同。右图中捕捉到的点的 *Y* 坐标与圆心的 *Y* 坐标相同，且位于相对于已有直线端点的 45°方向。如果单击拾取键，就会得到对应的点。

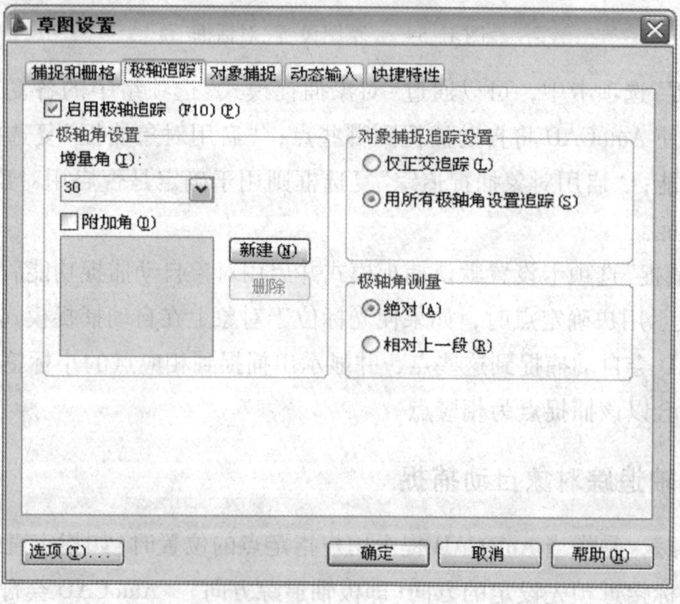

图 1-56　“草图设置”对话框的“极轴追踪”选项卡

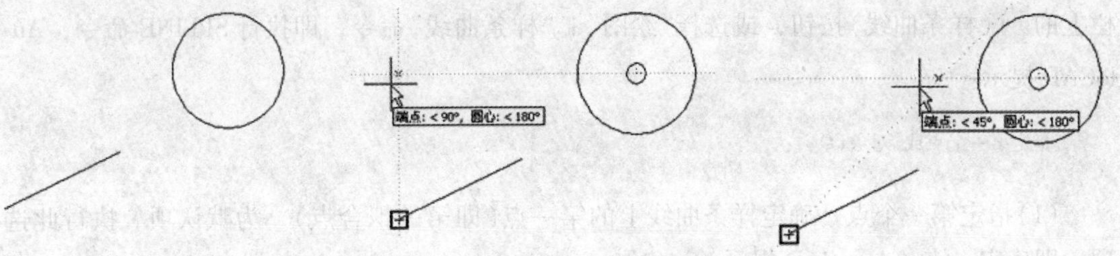

图 1－57 对象捕捉追踪示意图

1.8 绘制、编辑复杂图形对象

1.8.1 绘制、编辑多段线

1. 绘制多段线 多段线是由直线段、圆弧段构成，且可以有宽度的图形对象。命令：PLINE。单击“绘图”工具栏上的（多段线）按钮，或选择“绘图”|“多段线”命令，即执行 PLINE 命令，AutoCAD 提示：

> 指定起点：（确定多段线的起始点）
> 当前线宽为 0.0000（说明当前的绘图线宽）
> 指定下一个点或[圆弧(A)/半宽(H)/长度(L)/放弃(U)/宽度(W)]：

其中，“圆弧”选项用于绘制圆弧。“半宽”选项用于多段线的半宽。“长度”选项用于指定所绘多段线的长度。“宽度”选项用于确定多段线的宽度。

2. 编辑多段线 命令：PEDIT。单击“修改 II”工具栏上的（编辑多段线）按钮，或选择“绘图”|“对象”|“多段线”命令，即执行 PEDIT 命令，AutoCAD 提示：

> 选择多段线或[多条(M)]：

在此提示下选择要编辑的多段线，即执行“选择多段线”默认项，AutoCAD 提示：

> 输入选项[闭合(C)/合并(J)/宽度(W)/编辑顶点(E)/拟合(F)/样条曲线(S)/非曲线化(D)/线型生成(L)/反转(R)/放弃(U)]：

其中，“闭合”选项用于将多段线封闭。“合并”选项用于将多条多段线（及直线、圆弧）。“宽度”选项用于更改多段线的宽度。“编辑顶点”选项用于编辑多段线的顶点。“拟合”选项用于创建圆弧拟合多段线。“样条曲线”选项用于创建样条曲线拟合多段线。“非曲线化”选项用于反拟合。“线型生成”选项用来规定非连续型多段线在各顶点处的绘线方式。“反转”选项用于改变多段线上的顶点顺序。

1.8.2 绘制、编辑样条曲线

1. 绘制样条曲线 绘制非一致有理(B)样条曲线。命令：SPLINE。单击“绘图”工具

栏上的 (样条曲线)按钮，或选择"绘图" | "样条曲线"命令，即执行 SPLINE 命令，AutoCAD 提示：

```
指定第一个点或[对象(O)]：
```

(1)指定第一个点。确定样条曲线上的第一点(即第一拟合点)，为默认项。执行此选项，即确定一点，AutoCAD 提示：

```
指定下一点：
```

在此提示下确定样条曲线上的第二拟合点后，AutoCAD 提示：

```
指定下一点或[闭合(C)/拟合公差(F)] <起点切向>：
```

其中，"指定下一点"选项用于指定样条曲线上的下一点。"闭合"选项用于封闭多段线。"拟合公差"选项用于根据给定的拟合公差绘样条曲线。

(2)对象(O)。将样条拟合多段线(由 PEDIT 命令的"样条曲线(S)"选项实现)转换成等价的样条曲线并删除多段线。执行此选项，AutoCAD 提示：

```
选择要转换为样条曲线的对象..
选择对象：
```

在该提示下选择对应的图形对象，即可实现转换。

2. 编辑样条曲线　命令：SPLINEDIT。单击"修改 II"工具栏上的 (编辑样条曲线)按钮，或选择"修改" | "对象" | "样条曲线"命令，即执行 SPLINEDIT 命令，AutoCAD 提示：

```
选择样条曲线：
```

在该提示下选择样条曲线，AutoCAD 会在样条曲线的各控制点处显示出夹点，并提示：

```
输入选项[拟合数据(F)/闭合(C)/移动顶点(M)/精度(R)/反转(E)/转换为多段线(P)/放弃(U)]：
```

其中，"拟合数据"选项用于修改样条曲线的拟合点。"闭合"选项用于封闭样条曲线。"移动顶点"选项用于样条曲线上的当前点。"精度"选项用于对样条曲线的控制点进行细化操作。"反转"选项用于反转样条曲线的方向。"转换为多段线"选项用于将样条曲线转化为多段线。

1.8.3　绘制和编辑多线

1. 绘制多线　绘多条平行线，即由两条或两条以上直线构成的相互平行的直线，且这些直线可以分别具有不同的线型和颜色。命令：MLINE。选择"绘图" | "多线"命令，

即执行 MLINE 命令，AutoCAD 提示：

```
当前设置：对正 = 上，比例 = 20.00，样式 = STANDARD
指定起点或[对正(J)/比例(S)/样式(ST)]：
```

提示中的第一行说明当前的绘图模式。本提示示例说明当前的对正方式为“上”方式，比例为 20.00，多线样式为 STANDARD；第二行为绘制多线时的选择项。其中，“指定起点”选项用于确定多线的起始点。“对正”选项用于控制如何在指定的点之间绘制多线，即控制多线上的哪条线要随光标移动。“比例”选项用于确定所绘多线的宽度相对于多线定义宽度的比例。“样式”选项用于确定绘制多线时采用的多线样式。

2. 定义多线样式　命令：MLSTYLE。绘多条平行线，即由两条或两条以上直线构成的相互平行的直线，且这些直线可以分别具有不同的线型和颜色。命令：MLINE。

选择“格式”|“多线样式”命令，即执行 MLSTYLE 命令，弹出图 1-58 所示的“多线样式”对话框，利用其设置即可。

3. 编辑多线　命令：MLEDIT。选择“修改”|“对象”|“多线”命令，即执行 MLEDIT 命令，弹出“多线编辑工具”对话框，如图 1-59 所示。对话框中的各个图像按钮形象地说明了各编辑功能，根据需要选择按钮，然后根据提示操作即可。

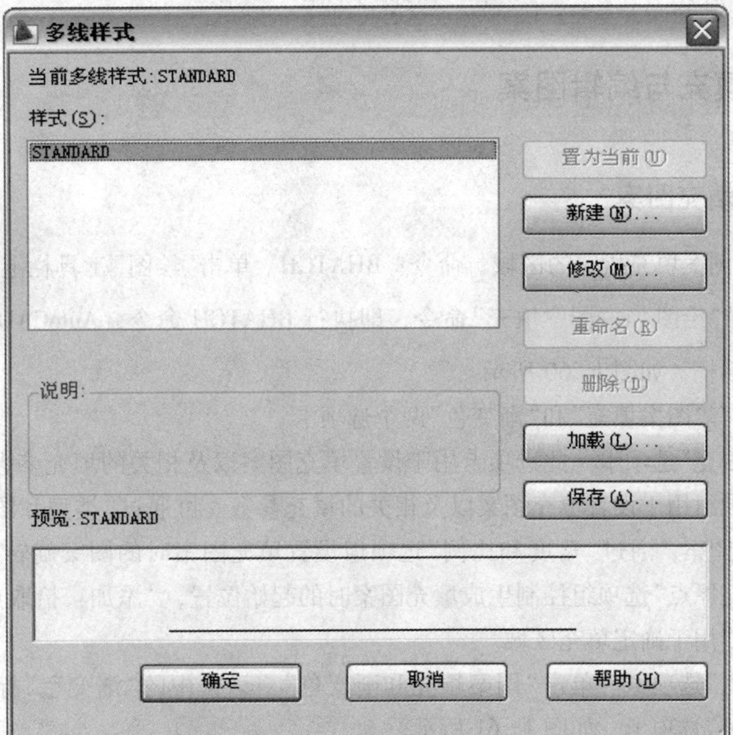

图 1-58　“多线样式”对话框

图 1-59 “多线编辑工具”对话框

1.9 填充与编辑图案

1.9.1 填充图案

用指定的图案填充指定的区域。命令：BHATCH。单击“绘图”工具栏上的图案填充按钮，或选择“绘图”|“图案填充”命令，即执行 BHATCH 命令，AutoCAD 弹“图案填充和渐变色”对话框，如图 1-60 所示。

对话框中有“图案填充”和“渐变色”两个选项卡。

1.“图案填充”选项卡　此选项卡用于设置填充图案以及相关的填充参数。其中，“类型和图案”选项组用于设置填充图案以及相关的填充参数。可通过“类型和图案”选项组确定填充类型与图案，通过“角度和比例”选项组设置填充图案时的图案旋转角度和缩放比例，“图案填充原点”选项组控制生成填充图案时的起始位置，“添加：拾取点”按钮和“添加：选择对象”用于确定填充区域。

2.“渐变色”选项卡　单击“图案填充和渐变色”对话框中的“渐变色”标签，AutoCAD 切换到“渐变色”选项卡，如图 1-61 所示。

该选项卡用于以渐变方式实现填充。其中，“单色”和“双色”两个单选按钮用于确定是以一种颜色填充，还是以两种颜色填充。当以一种颜色填充时，可利用位于“双色”单选按钮下方的滑块调整所填充颜色的浓淡度。当以两种颜色填充时(选中“双色”单选按钮)，

图 1-60 “图案填充和渐变色”对话框

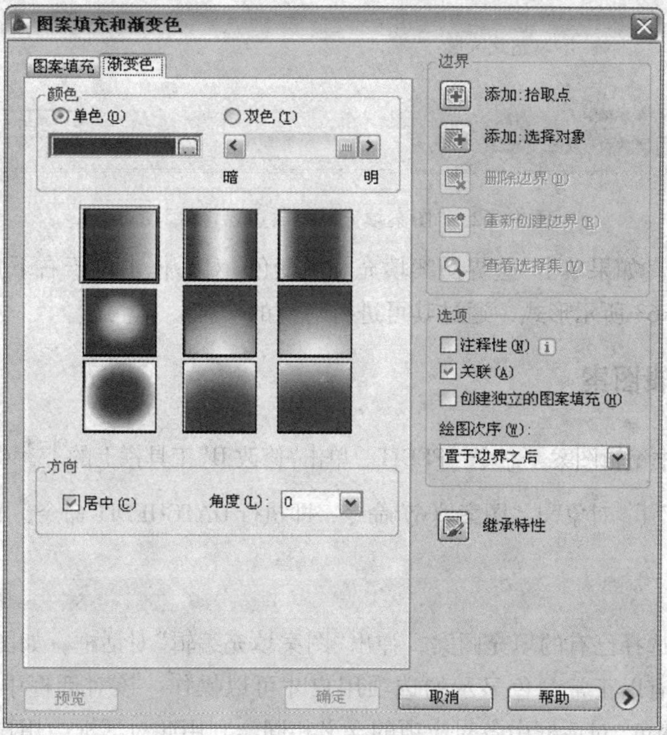

图 1-61 “图案填充和渐变色”对话框中的“渐变色”选项卡

位于“双色”单选按钮下方的滑块变成与其左侧相同的颜色框和按钮，用于确定另一种颜色。位于选项卡中间位置的 9 个图像按钮用于确定填充方式。

此外，还可以通过“角度”下拉列表框确定以渐变方式填充时的旋转角度，通过“居中”复选框指定对称的渐变配置。如果没有选定此选项，渐变填充将朝左上方变化，可创建出光源在对象左边的图案。

选项组用于指定是否将填充边界保留为对象，并确定其对象类型。

AutoCAD 2010 允许将实际上并没有完全封闭的边界用作填充边界。如果在“允许的间隙”文本框中指定了值，该值就是 AutoCAD 确定填充边界时可以忽略的最大间隙，即如果边界有间隙，且各间隙均小于或等于设置的允许值，那么这些间隙均会被忽略，AutoCAD 将对应的边界视为封闭边界。

如果在“允许的间隙”编辑框中指定了值，当通过“拾取点”按钮指定的填充边界为非封闭边界、且边界间隙小于或等于设定的值时，AutoCAD 会打开“图案填充 - 开放边界警告”窗口，如图 1-62 所示。如果单击“继续填充此区域”行，AutoCAD 将对非封闭图形进行图案填充。

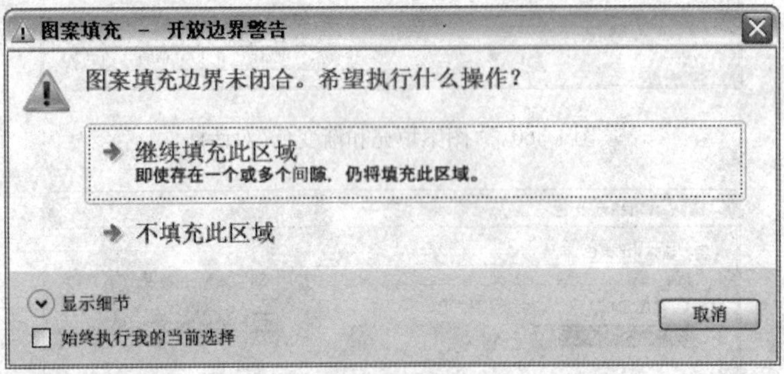

图 1-62 “图案填充 - 开放边界警告”窗口

3. 其他选项　如果单击“边界图案填充和渐变色”对话框中位于右下角位置的小箭头，对话框则为图 1-63 所示形式，通过其可进行对应的设置。

1.9.2 编辑图案

1. 利用对话框编辑图案　命令：PEDIT。单击“修改 II”工具栏上的 (编辑图案填充)按钮，或选择“修改”|“对象”|“图案填充”命令，即执行 HATCHEDIT 命令，AutoCAD 提示：

```
选择关联填充对象:
```

在该提示下选择已有的填充图案，弹出“图案填充编辑”对话框，如图 1-64 所示。

对话框中只有以正常颜色显示的选项用户才可以操作。该对话框中各选项的含义与“图案填充和渐变色”对话框中各对应项的含义相同。利用此对话框，用户就可以对已填充的图案进行诸如更改填充图案、填充比例、旋转角度等操作。

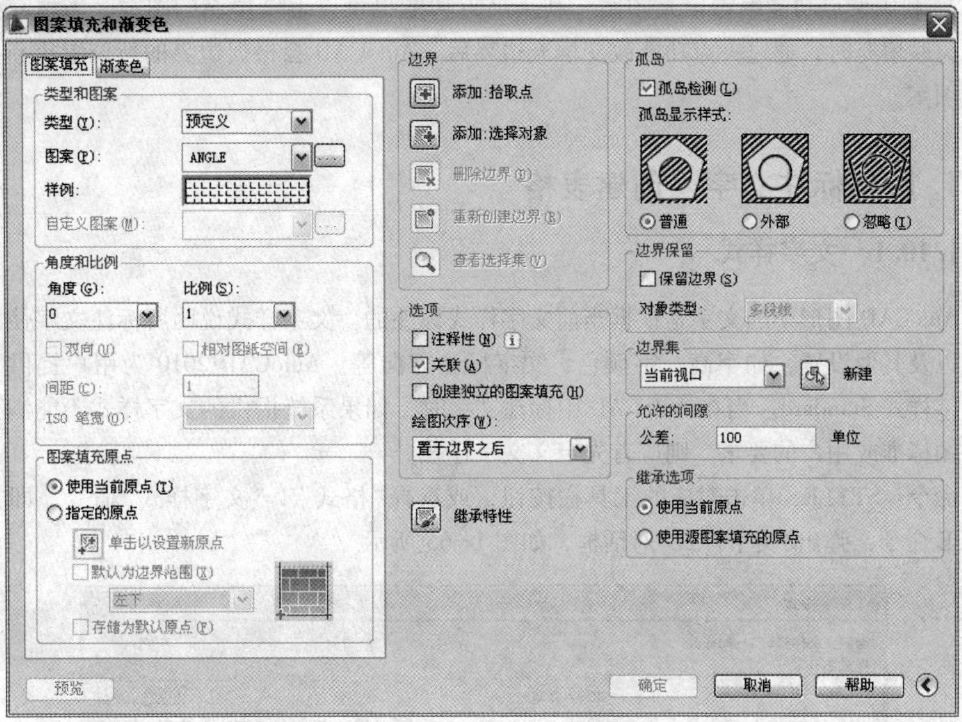

图 1-63 “边界图案填充和渐变色”对话框展开式

图 1-64 “图案填充编辑”对话框

2. 利用夹点功能编辑填充图案　利用夹点功能也可以编辑填充的图案。当填充的图案是关联填充时，通过夹点功能改变填充边界后，AutoCAD 会根据边界的新位置重新生成填充图案。

1.10　标注文字、创建表格

1.10.1　文字样式

AutoCAD 图形中的文字是根据当前文字样式标注的。文字样式说明所标注文字使用的字体以及其他设置，如字高、字颜色、文字标注方向等。AutoCAD 2010 为用户提供了默认文字样式 Standard。当在 AutoCAD 中标注文字时，如果系统提供的文字样式不能满足国家制图标准或用户的要求，则应首先定义文字样式。

命令：STYLE。单击对应的工具栏按钮，或选择“格式”|“文字样式”命令，即执行 STYLE 命令，弹出“文字样式”对话框，如图 1-65 所示。

图 1-65　“文字样式”对话框

对话框中，“样式”列表框中列有当前已定义的文字样式，用户可从中选择对应的样式作为当前样式或进行样式修改。“字体”选项组用于确定所采用的字体。“大小”选项组用于指定文字的高度。“效果”选项组用于设置字体的某些特征，如字的宽高比(即宽度比例)、倾斜角度、是否倒置显示、是否反向显示以及是否垂直显示等。预览框组用于预览所选择或所定义文字样式的标注效果。“新建”按钮用于创建新样式。“置为当前”按钮用于将选定的样式设为当前样式。“应用”按钮用于确认用户对文字样式的设置。单击“确定”按钮，AutoCAD 关闭“文字样式”对话框。

1.10.2　标注文字

1. 用 DTEXT 命令标注文字　命令：DTEXT。选择“绘图”|“文字”|“单行文字”命

令，即执行 DTEXT 命令，AutoCAD 提示：

当前文字样式： 文字 35 当前文字高度： 2.5000
指定文字的起点或[对正(J)/样式(S)]：

第一行提示信息说明当前文字样式以及字高度。第二行中，“指定文字的起点”选项用于确定文字行的起点位置。用户响应后，AutoCAD 提示：

指定高度：(输入文字的高度值)
指定文字的旋转角度 <0>：(输入文字行的旋转角度)

而后，AutoCAD 在绘图屏幕上显示出一个表示文字位置的方框，用户在其中输入要标注的文字后，按两次 Enter 键，即可完成文字的标注。

2. 利用在位文字编辑器标注文字　命令：MTEXT。单击对应的工具栏按钮，或选择“绘图”|“文字”|“单行文字”命令，即执行 MTEXT 命令，AutoCAD 提示：

指定第一角点：
在此提示下指定一点作为第一角点后，AutoCAD 继续提示：
指定对角点或[高度(H)/对正(J)/行距(L)/旋转(R)/样式(S)/宽度(W)]：

如果响应默认项，即指定另一角点的位置，弹出在位文字编辑器，如图 1-66 所示。

图 1-66　在位文字编辑器

在位文字编辑器由“文字格式”工具栏和水平标尺等组成，工具栏上有一些下拉列表框、按钮等。用户可通过该编辑器输入要标注的文字，并进行相关标注设置。

1.10.3　编辑文字

命令：DDEDIT。单击“文字”工具栏上的(编辑文字)按钮，或选择“修改”|“对象”|“文字”|“编辑”命令，即执行 DDEDIT 命令，AutoCAD 提示：

选择注释对象或[放弃(U)]：

此时应选择需要编辑的文字。标注文字时使用的标注方法不同，选择文字后 AutoCAD 给出的响应也不相同。如果所选择的文字是用 DTEXT 命令标注的，选择文字对象后，AutoCAD 会在该文字四周显示出一个方框，此时用户可直接修改对应的文字。

如果在“选择注释对象或[放弃(U)]:”提示下选择的文字是用 MTEXT 命令标注的，AutoCAD 则会弹出在位文字编辑器，并在该对话框中显示出所选择的文字，供用户编辑、修改。

1.10.4 注释性文字

AutoCAD 2010 可以将文字、尺寸、形位公差、块、属性、引线等指定为注释性对象。

1. 注释性文字样式　用于定义注释性文字样式的命令也是 STYLE，其定义过程与上面介绍的文字样式定义过程类似。执行 STYLE 命令后，在打开的“文字样式”对话框中，除按上面介绍的过程设置样式后，还应选中“注释性”复选框。选中该复选框后，会在“样式”列表框中的对应样式名前显示图标，表示该样式属于注释性文字样式。

2. 标注注释性文字　用 DTEXT 或 MTEXT 命令标注文字时，只要将对应的注释性文字样式设为当前样式，或选择标注注释性文字，然后按前面介绍的方法标注即可。

1.10.5 创建表格

1. 创建表格单击　“绘图”工具栏上的 (表格)按钮，或选择“绘图”|“表格”命令，即执行 TABLE 命令，弹出“插入表格”对话框，如图 1-67 所示。

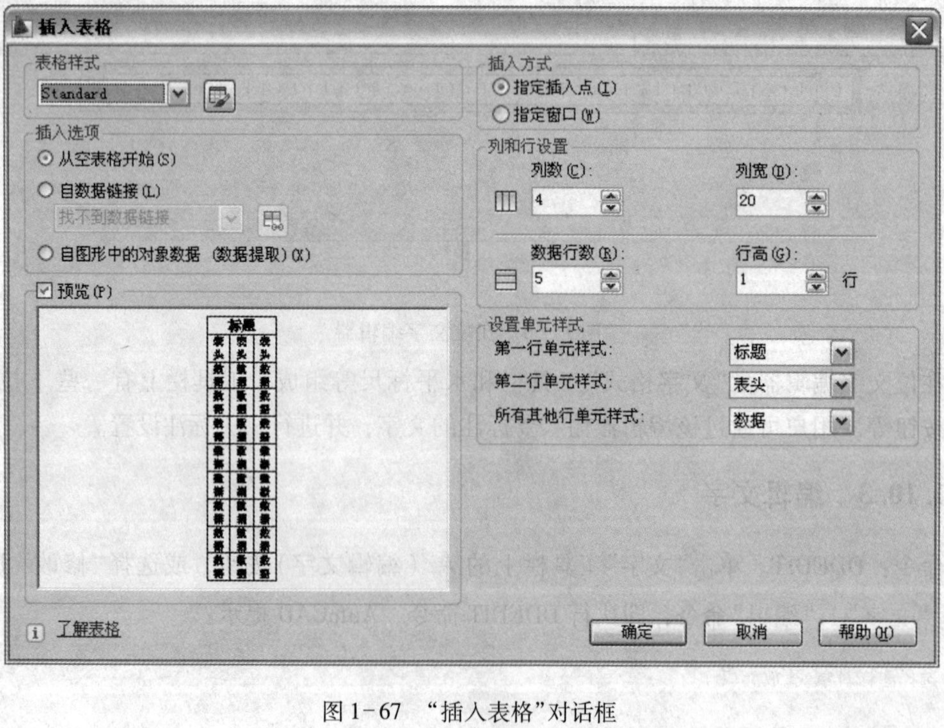

图 1-67　“插入表格”对话框

此对话框用于选择表格样式，设置表格的有关参数。其中，“表格样式”选项用于选择所使用的表格样式。“插入选项”选项组用于确定如何为表格填写数据。预览框用于预览表格的样式。“插入方式”选项组，设置将表格插入到图形时的插入方式。“列和行设置”选项组则用于设置表格中的行数、列数以及行高和列宽。“设置单元样式”选项组，分别设置第一行、第二行和其他行的单元样式。

通过“插入表格”对话框确定表格数据后，单击“确定”按钮，而后根据提示确定表格的位置，即可将表格插入到图形，且插入后弹出“文字格式”工具栏，并将表格中的第一个单元格醒目显示，此时就可以向表格输入文字，如图1-68所示。

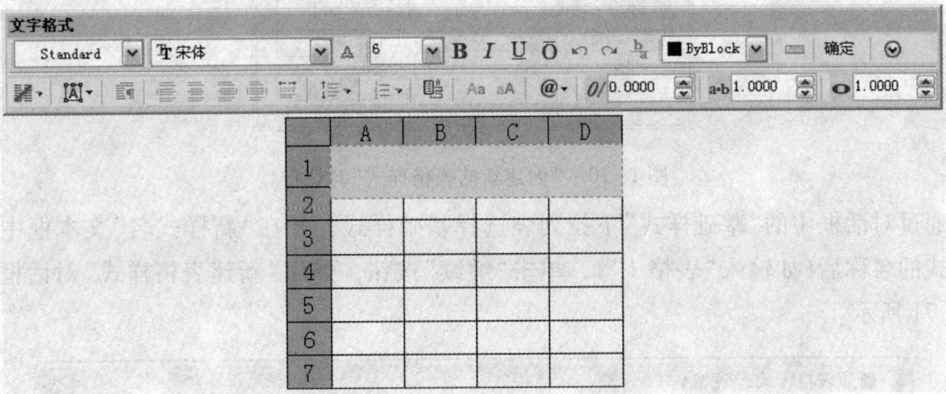

图1-68 “文字格式”工具栏

2. 定义表格样式 单击“样式”工具栏上的  (表格样式)按钮，或选择“格式”|“表格样式”命令，即执行TABLESTYLE命令，弹出“表格样式”对话框，如图1-69所示。

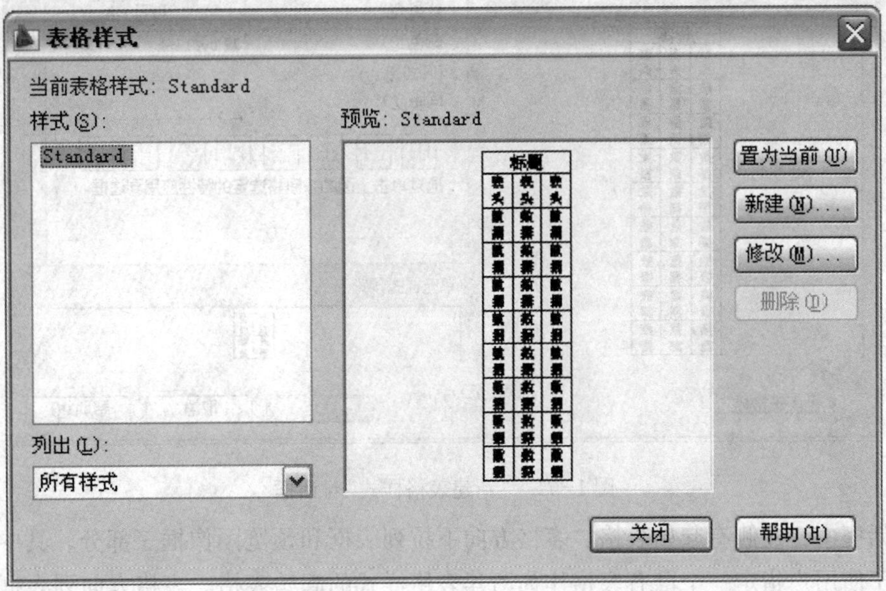

图1-69 “表格样式”对话框

其中，“样式”列表框中列出了满足条件的表格样式；“预览”图片框中显示出表格的预览图像，“置为当前”和“删除”按钮分别用于将在“样式”列表框中选中的表格样式置为当前样式、删除选中的表格样式；“新建”、“修改”按钮分别用于新建表格样式、修改已有的表格样式。

如果单击“表格样式”对话框中的“新建”按钮，弹出“创建新的表格样式”对话框，如图 1-70 所示。

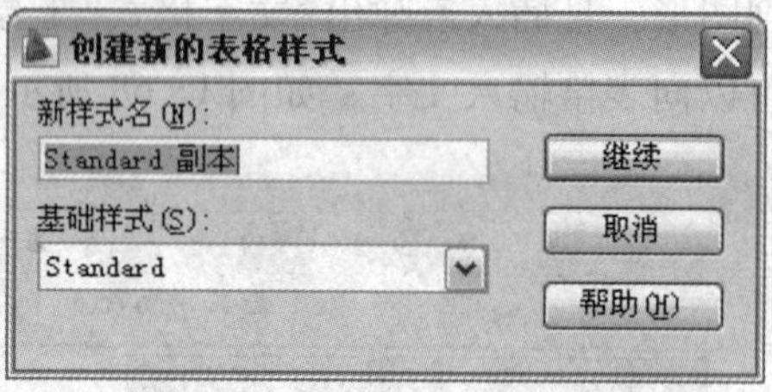

图 1-70 “创建新的表格样式”对话框

通过对话框中的“基础样式”下拉列表选择基础样式，并在“新样式名”文本框中输入新样式的名称后(如输入“表格 1”)，单击“继续”按钮，弹出“新建表格样式”对话框，如图 1-71 所示。

图 1-71 “新建表格样式”对话框

对话框中，左侧有起始表格、表格方向下拉列表框和预览图像框三部分。其中，起始表格用于使用户指定一个已有表格作为新建表格样式的起始表格。表格方向列表框用于确定插入表格时的表方向，有“向下”和“向上”两个选择，“向下”表示创建由上而下读取的表，即标题行和列标题行位于表的顶部，“向上”则表示将创建由下而上读取的表，即标题行和列标题行位于表的底部；图像框用于显示新创建表格样式的表格预览图像。

“新建表格样式”对话框的右侧有“单元样式”选项组等，用户可以通过对应的下拉列表确定要设置的对象，即在“数据”、“标题”和“表头”之间进行选择。

选项组中，“常规”、“文字”和“边框”3 个选项卡，分别用于设置表格中的基本内容、文字和边框。

完成表格样式的设置后，单击“确定”按钮，AutoCAD 返回到“表格样式”对话框，并将新定义的样式显示在“样式”列表框中。单击该对话框中的“确定”按钮关闭对话框，完成新表格样式的定义。

第 2 章　AutoCAD 平面图样实训

图样是表达和交流技术思想的工具。随着 CAD(计算机辅助设计)技术的飞速发展和普及，越来越多的工程设计人员开始使用计算机软件绘制各种图形，从而解决了传统手工绘图中存在的效率低、绘图准确度差及劳动强度大等缺点。在目前在设计领域，AutoCAD 是使用最为广泛的计算机绘图软件。用 AutoCAD 可以绘制工艺流程图、平面布置图、立面布置图、设备图、管道布置图等。

2.1　设立样板图实训

2.1.1　实训目的

使学生掌握 AutoCAD 设立样板图的基本方法，为进一步的设计绘图、绘制零件图、流程图和装配图奠定基础。

2.1.2　实训内容

(1)设立图幅大小，设立字体、线型、基本的尺寸标注(标注字体及方向等)、线宽；
(2)设立层，绘制图框，填写标题栏，存为样板图。

2.1.3　实训步骤

1. 基本设置　(1)系统设置。用鼠标右键按屏幕下边的快捷按钮中前六个中的任意一个(捕捉，栅格，正交，极轴，对象捕捉，对象追踪)都会看见“设置(S)…”选项，如图 2-1 所示，左键按“设置(S)…”，出现“草图设置”对话框，如图 2-2 所示。

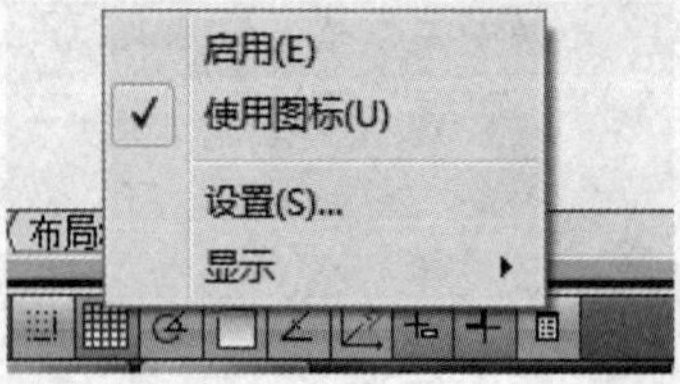

图 2-1　设置

(2)捕捉、栅格与动态输入。在图 2-2 中，通过改写 XY 方向的捕捉或栅格的数字，就可改变捕捉或栅格的间距，但捕捉和栅格的间距最好相等，例如为 10 或 20 等。在捕捉类型和样式一栏选“等轴测捕捉”就打开了轴测网格，这时可按 F5 切换轴测坐标平面。

按“动态输入”选项卡，可看见图 2-3 所示对话框，如果选择“启动指针输入”，再按确定退出后，每输一个绘图命令，就会在屏幕上动态地看见有关关键点的坐标；如果选择“可能时启动标注输入”，在鼠标在屏幕上移动或点击一些角点(例如：矩形顶点、圆心点等)时，屏幕上就会显示尺寸的标注。

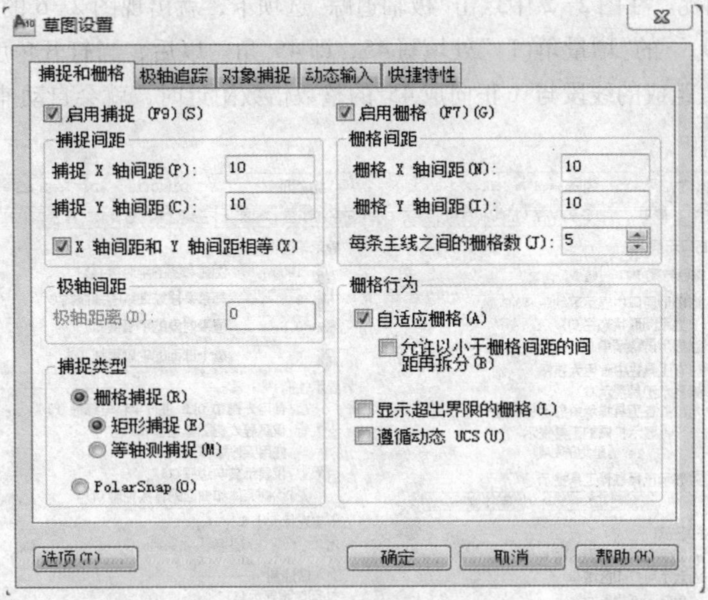

图 2-2　捕捉、栅格设置

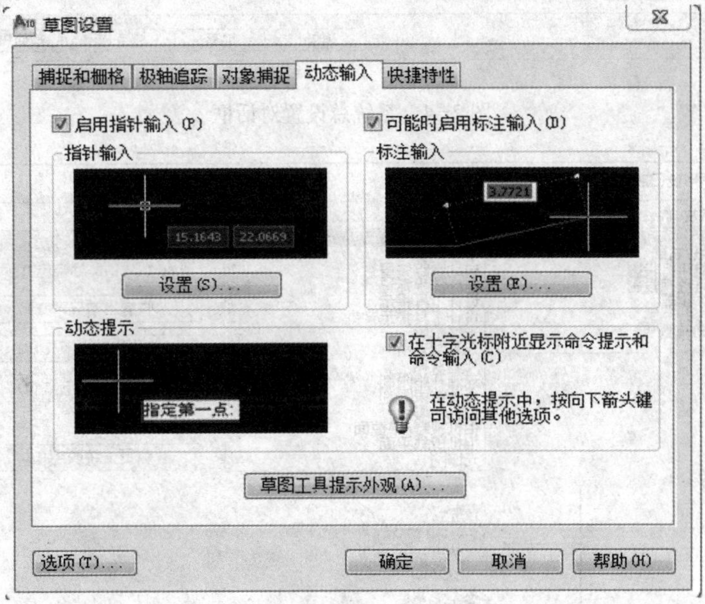

图 2-3　动态输入设置

在图 2-2 中按“选项(T)…”时，出现系统总设置对话框，在其中选“显示”，出现图 2-4。如果选择“显示屏幕菜单”，就会在屏幕上显示屏幕菜单。

在选项对话“窗口元素”里点“颜色(C)”出现如图 2-5 所示的对话框，在这个对话框中可改变显示屏幕的颜色。例如，在“界面元素”中选“统一背景”，在“颜色(C)”旁的框中选白色，屏幕绘图区就变成白色，原来的白色线条变成黑色，其余颜色不变。

(3)角度捕捉。在图 2-2 中点击“极轴追踪”选项卡，就出现图 2-6 的对话框。在“极轴角设置”(F10)下的“增量角(I)”处填写 45，即 45°角。以后，当打开角度捕捉时，当鼠标移到与前一点组成的线段与 X 正向成 45°的整数倍数附近时，就会自动捕捉这个方向。

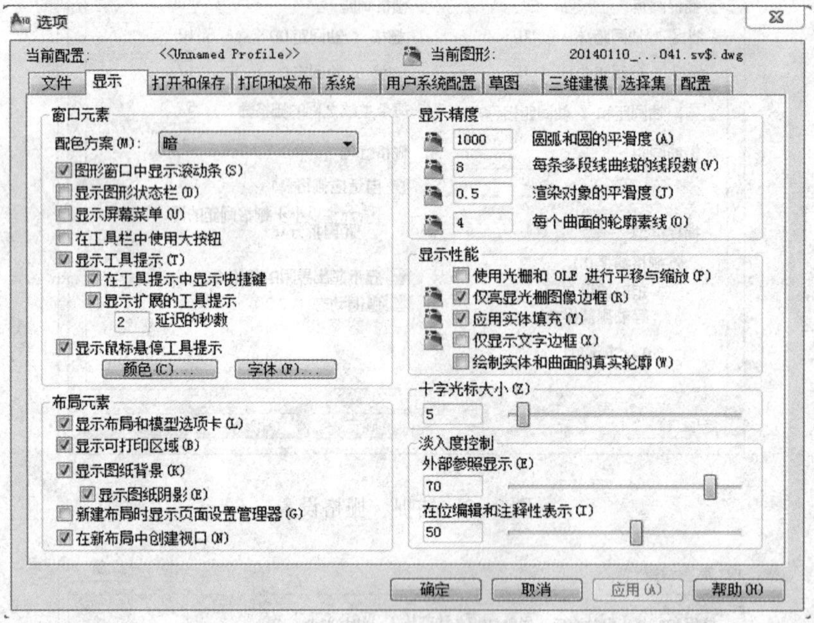

图 2-4　系统总设置对话框

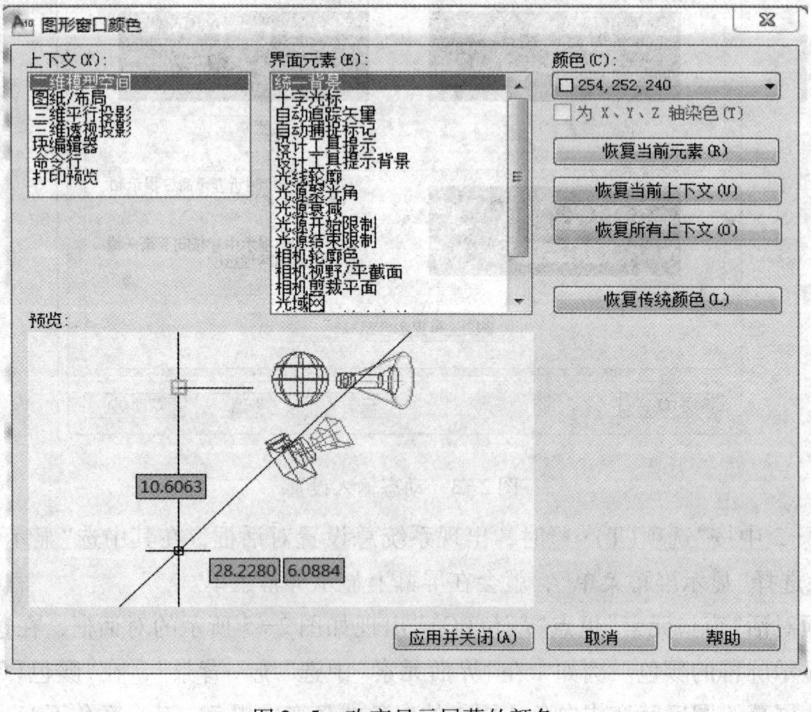

图 2-5　改变显示屏幕的颜色

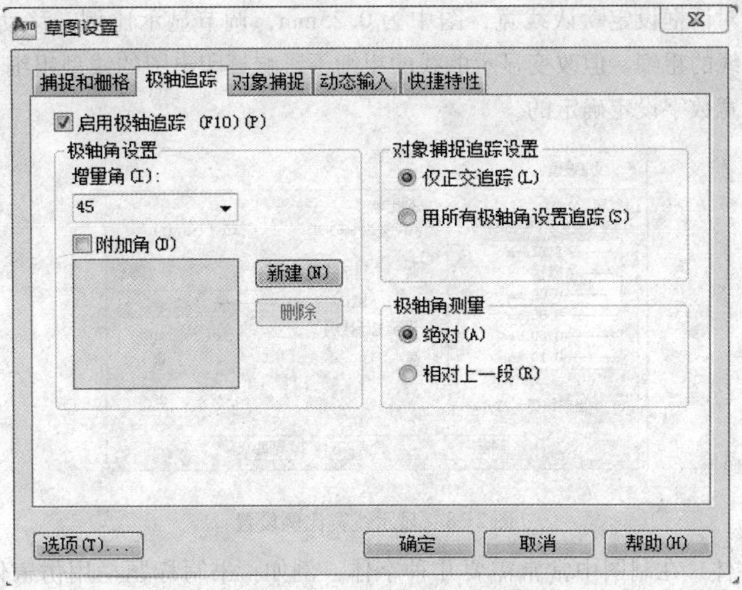

图 2-6　角度捕捉设置对话框

(4)对象捕捉。如图 2-7 所示，在对象捕捉对话框中，打勾的是已设定的捕捉。通常打开捕捉端点、中点(线段中点)、交点、圆心等。

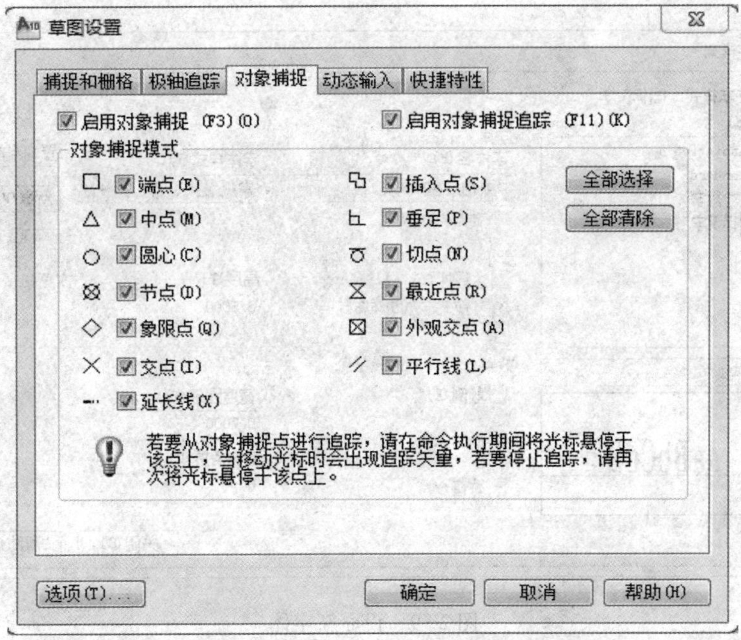

图 2-7　对象捕捉(目标捕捉)对话框

(5)线宽显示开关。AutoCAD 2010 可设定每一种线型的宽度，最好在每一层设一种宽度。这时，按右下方按纽“线宽”，可开关线宽。当线宽开时，可在屏幕上看见不同的宽度。注意在设立线宽时，多段线自身的线宽应设为 0。图 2-8 为在“线宽”钮按右键打开的对话框。这个对话框设定默认线宽，图中为 0.25mm，调节显示比例，移动这个比例杆，可改变显示的线的粗细。但改变显示的线的粗细不影响打印出图的线型粗细，打印的粗细是由线型的线宽数字设定确定的。

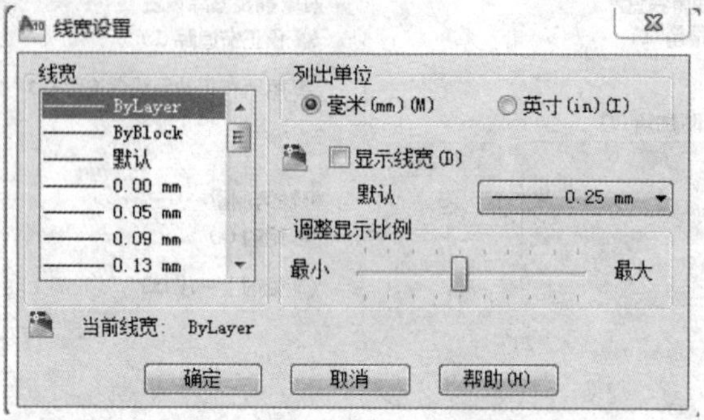

图 2-8　显示线宽比例设置

2. 设置字体　在制图中常常需要几种字体，例如：书写标题拦用仿宋体，尺寸数字用 Isocp 字体，在文字说明中的英文用 Times New Roman 斜体等。因此需首先设立文字样式。

在下拉菜单“格式”中，按“文字样式”跳出文字样式对话框，如图 2-9 所示。可在框中设立字体。

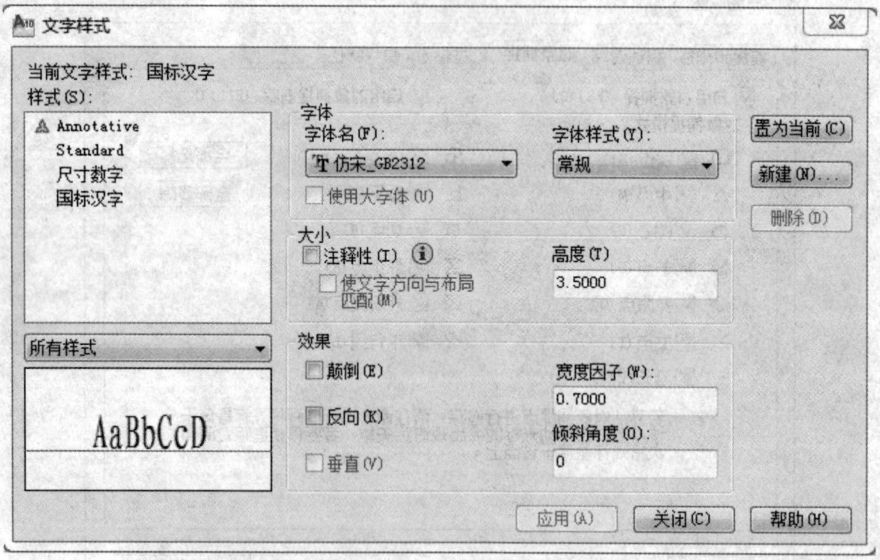

图 2-9　设立新字体

格式/文本样式/新建/取名：“仿宋”/在“字体名”栏目内找：仿宋/；新建/取名：Roman/，在“字体名”栏目内找：Times New Roman/，在“字体样式”中找：Italic/；新建/取名：Isocp/，在“字体名”栏目内找：isocp. shx/在“倾斜角度”中填：15（字体倾斜 15°）/；“应用”/“关闭”/，还可用此方法设立其他常用的字体。

3. 修改尺寸标注样式　为了使尺寸标注符合国家标准，必须首先初步设置尺寸标注样式，使字体，箭头和标注方向等符合国家标准。按下拉菜单的格式，再选标注样式得到图 2-10 尺寸标注样式管理器。选修改，得到图 2-11。选文字，在文字样式中选 ISOcp 样式，即可得到国标机械制图的数字样式。在文字对齐一拦，选 ISO 标准，再选择图 2-12 修改单位和图 2-13 修改标注样式调整(选文字)就得到国标的标注样式。

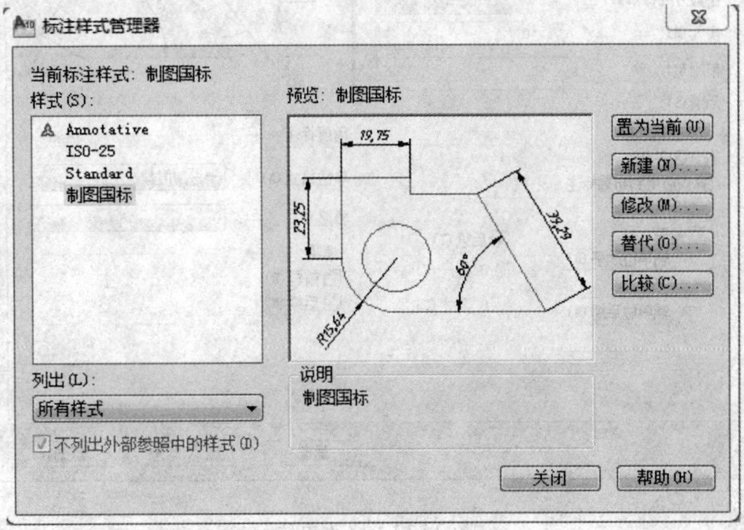

图 2-10　尺寸标注样式管理器

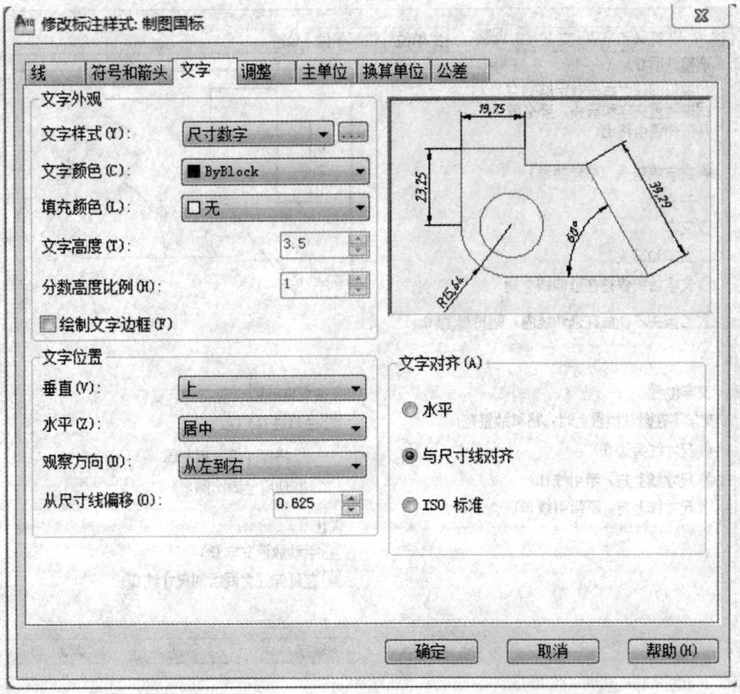

图 2-11　修改文字样式

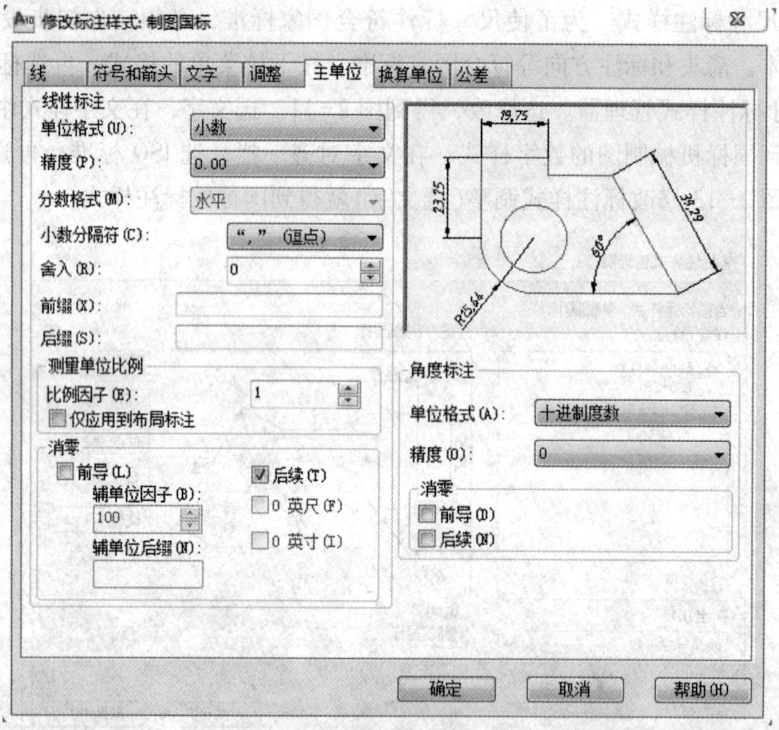

图 2-12　修改单位

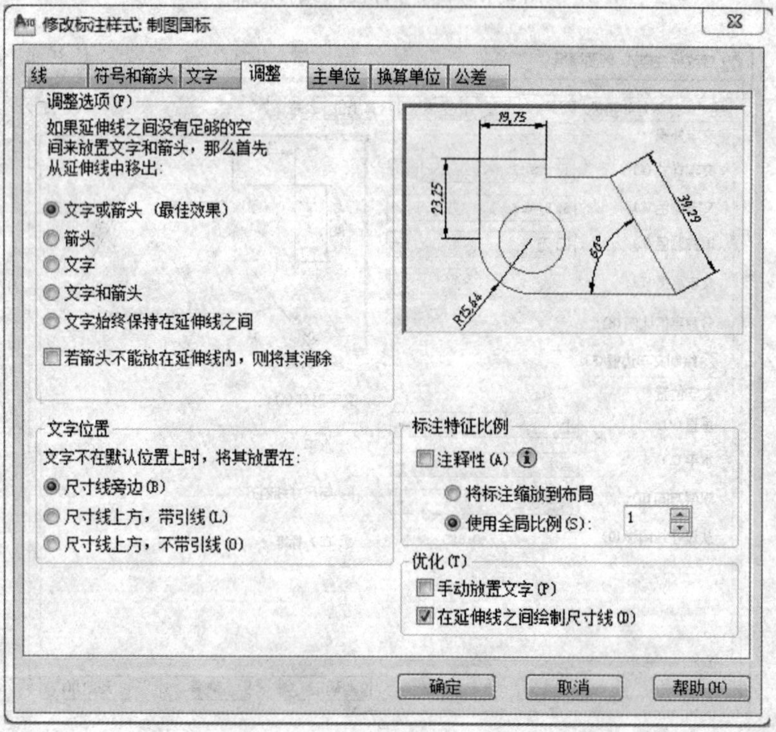

图 2-13　修改标注样式调整

4. 层设置　AutoCAD 的图形可画在不同的层上。一个层好象一张透明纸，可在某一层上设定一种线型或一类图形。例如将中心线画在一层，粗实线画在一层，虚线画在一层，以便管理。

(1)层设置对话框。按 格式/层/或击“对象特性工具条”中的：弹出层设置对话框，如图 2-14 所示。

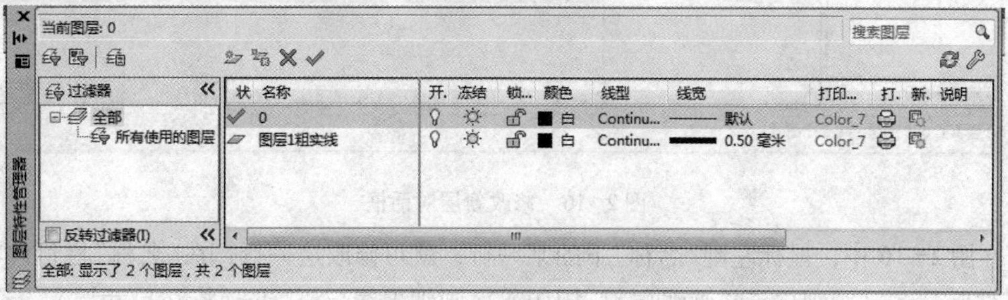

图 2-14　层设置对话框

在状态或名称栏下的层中按右键，拉出下拉菜单，如图 2-15 所示。选五次“新建图层”设立五个新层，或按五次顶上一排中间的“新建图层”图标，也有同样的效果。

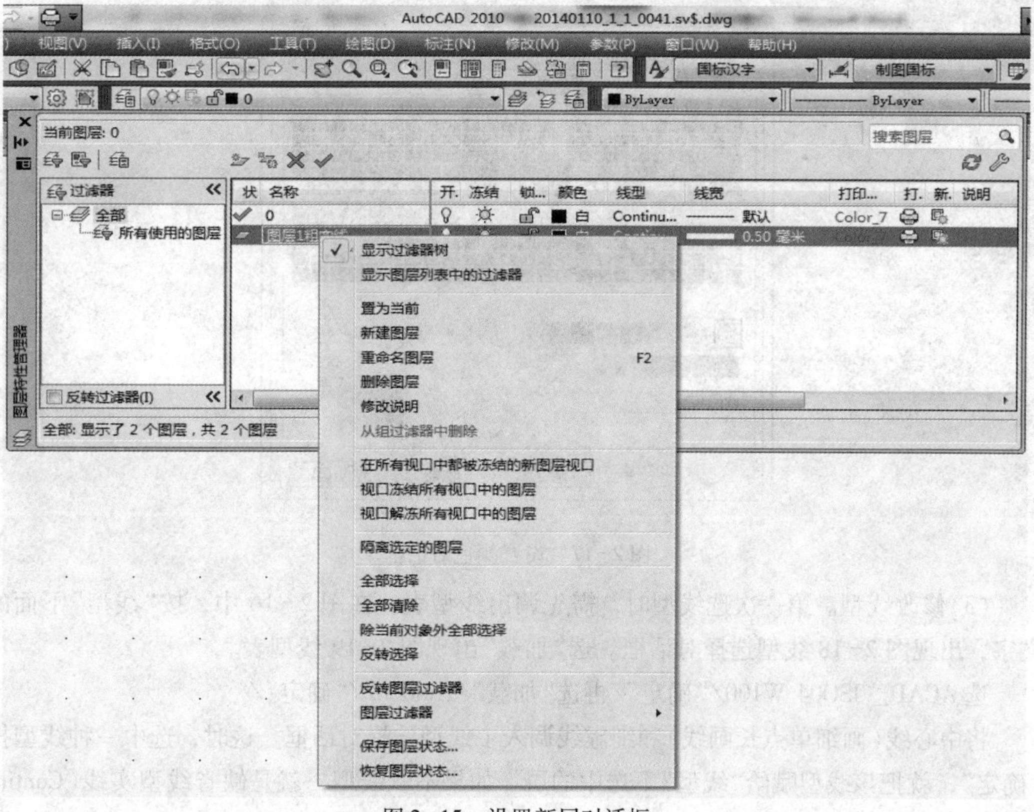

图 2-15　设置新层对话框

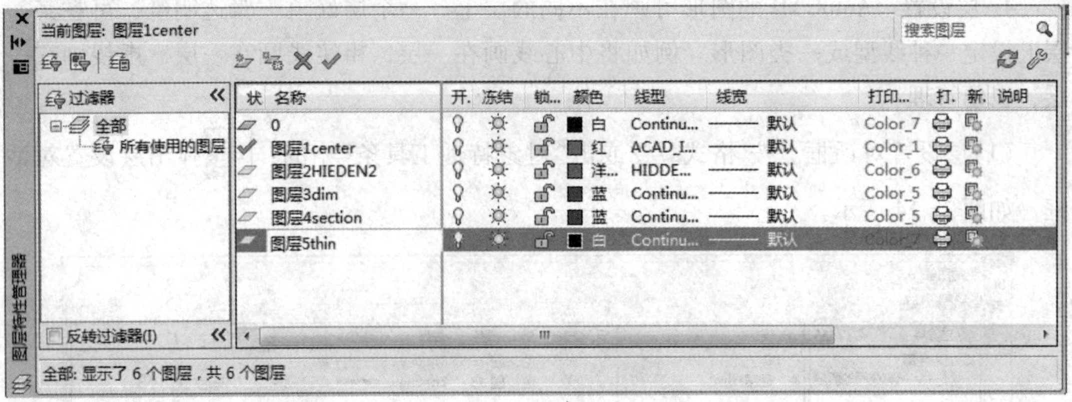

图 2-16　修改新层对话框

在图 2-16 中，鼠标左键“名称”下的某一行，就可修改这一行，在“名称”栏目内将名字修改为 center(画细单点长画线层)，HIDEN2(画细虚线层)，dim(标注尺寸层)，section(画剖面线)，thin(画细实线层)等。

(2)修改颜色。在图 2-16 中点击“颜色”下面的小方块，出现颜色对话框，如图 2-17 所示，点击要选的颜色。优先选上面的几种名为“红色”，“黄色”，“绿色”，“青色”，“蓝色”，“洋红”，“白”的颜色。然后按“确定”。

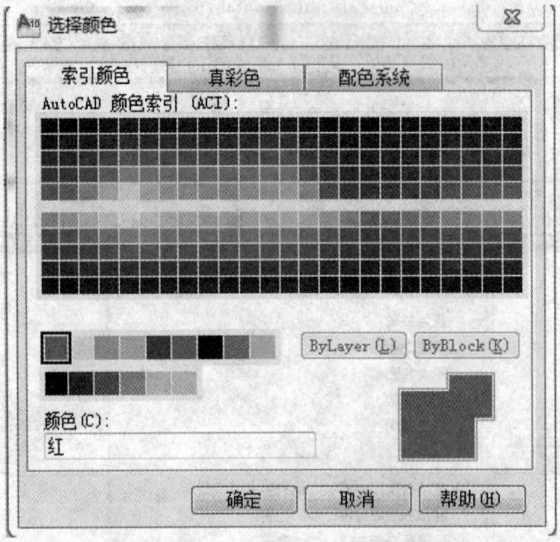

图 2-17　设置颜色对话框

(3)修改线型。第一次选线型时，需先调出线型表。在图 2-16 中，按“线型”下面的文字，出现图 2-18 线型选择对话框。选“加载”出现图 2-19 线型表。

选 ACAD_ ISO04 W100/“确定”/再选“加载”/Hidden2/“确定”/

将中心线(画细单点长画线)和细虚线调入了线型选择对话框。这时，选中一种线型按“确定”，就把该线型赋给“线型”下选中的层。如果不赋线型，就是缺省线型实线(Continuous)。

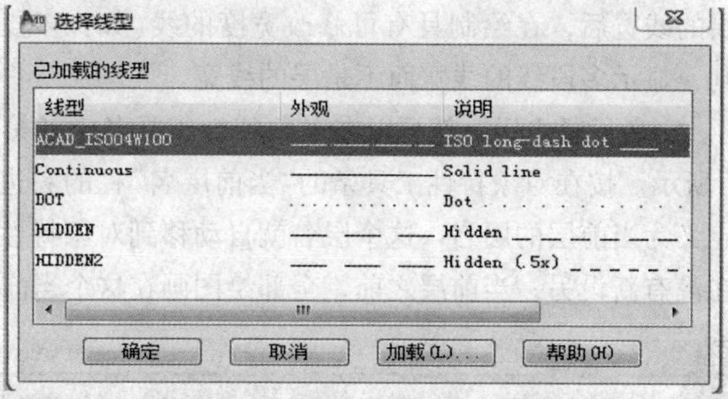

图 2-18 线型选择对话框

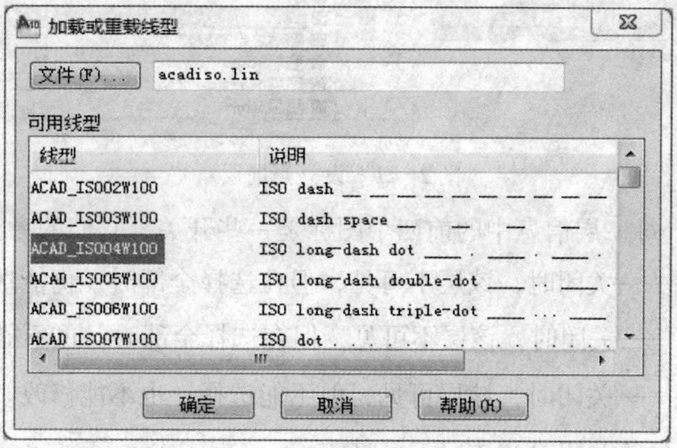

图 2-19 线型表

(4)修改线宽。点击“线宽”以下的任何一栏可见线宽表。在线宽表选一线宽，最好设置 0 层为粗线，0.5mm 宽，细线选 0.25mm 宽(默认值)。图 2-20 为线宽表。按屏幕右下角的“线宽”可开关线宽。

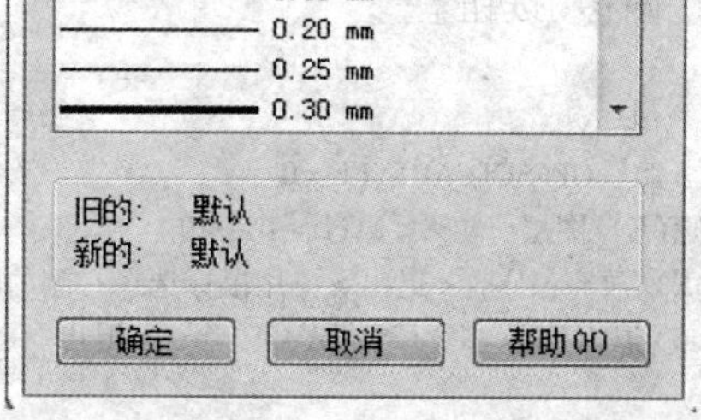

图 2-20 线宽表

注意在设立了层的线宽后，在绘制具有可修改宽度的线(如：多段线 polyline)时，不要再定义线宽，否则，显示多段线的线宽而不是层的线宽。

(5)定义当前层。定义了层之后，就可以在对象特性工具条中的第三栏设立任意的当前层了，如图 2-21 所示。按在对象特性工具条的“当前层名”栏的右边的拖把，拖出全部层，在其中点希望定义为当前层的层名，这个层名就自动移到对象特性工具条中。当前层即当前绘图的层，在没有新设另一当前层之前，全部绘图画在这个当前层上。

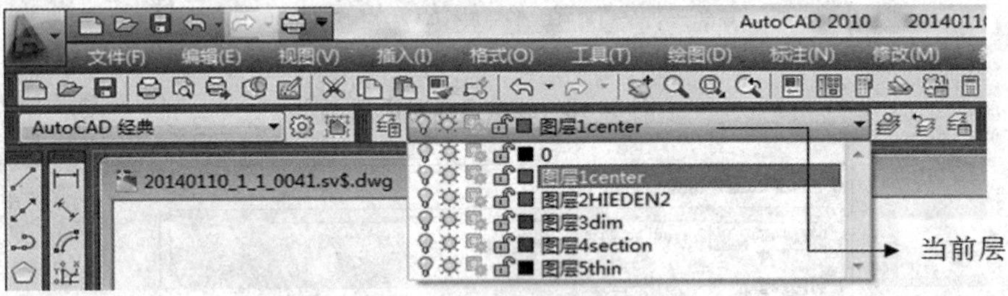

图 2-21　设立当前层

在图 2-21 中，每一层信息中的前四个图标是一些开关，它们的意义为：

层可见开关——关闭时，该层不可见，但在选择全部时，仍能选中和修改。

层冻结开关——关闭时，该层不可见，但在选择全部时，也不能选中和修改。

层上锁开关——关闭时，该层可见，但不能选择，也不能修改。

层打印开关——关闭时，该层不可打印。

5. 设立样板图　绘制图框和标题栏。

(1)绘制图框。绘制图纸边：选 Dim 层，绘图/矩形/

指定第一个角点或[倒角(C)/标高(E)/圆角(F)/厚度(T)/宽度(W)]：0，0↙
指定另一个角点或[尺寸(D)]：420，297↙
绘制图框：选 0 层，绘图/矩形/
指定第一个角点或[倒角(C)/标高(E)/圆角(F)/厚度(T)/宽度(W)]：25，5↙
指定另一个角点或[尺寸(D)]：390，287↙

也可按“绘图”工具条中的，选“矩形”命令。

(2)绘制标题栏。在绘制标题栏前，先把图框线分解。在下拉菜单“修改”中选取“偏移(S)”或在修改工具栏点击“偏移”按钮；

命令：_ offset
当前设置：删除源 = 否　图层 = 源　OFFSETGAPTYPE = 0
指定偏移距离或[通过(T)/删除(E)/图层(L)] <通过>：　20↙
选择要偏移的对象，或[退出(E)/放弃(U)] <退出>：用鼠标选择右侧的图框线，
指定要偏移的那一侧上的点，或[退出(E)/多个(M)/放弃(U)] <退出>：用鼠标在图框线的左侧点击，画出了距离右侧的图框线 20 的直线；
选择要偏移的对象，或[退出(E)/放弃(U)] <退出>：↙

同理可以绘制出间距为 10、50、25、25、10 竖线和间距为 7、7、7 的横线。

然后用修剪命令进行修剪，在标题栏输入相应的文字；改变标题栏框线的特性。用十字光标选择刚刚画出的标题栏里面的线线，选择的线变成虚线，点击图层控制管理器中 

的图层控制  按钮选择“图层 3dim”，则选择的线由粗实线线变成了细实线。这样就绘制出了 3 号图纸的标题栏，如图2-22所示。

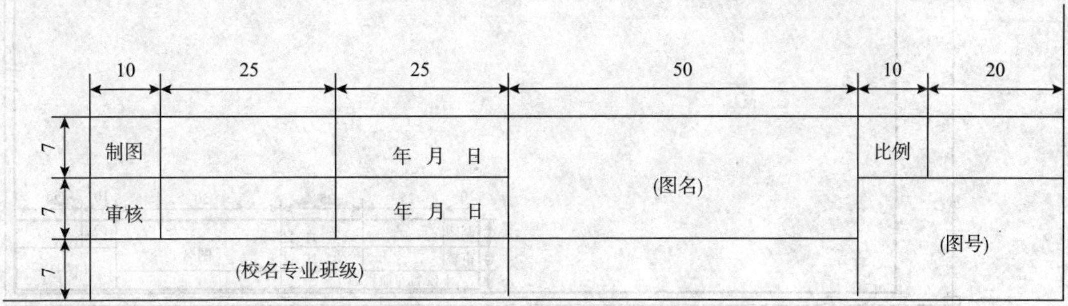

图 2-22 图纸的标题栏

(3)存样板图。最后用文件/另存为/得到保存样板图对话框，如图 2-23 所示。在存入文件类型中选文件扩展名 dwt，填入文件名 a3，然后按“保存”和“确定”钮，就将图形存入了样板图2-24，以后就可当着样板调用了。用同样的方法绘制 A2、A4 的样板图，并保存为 A2. dwt、A4. dwt。

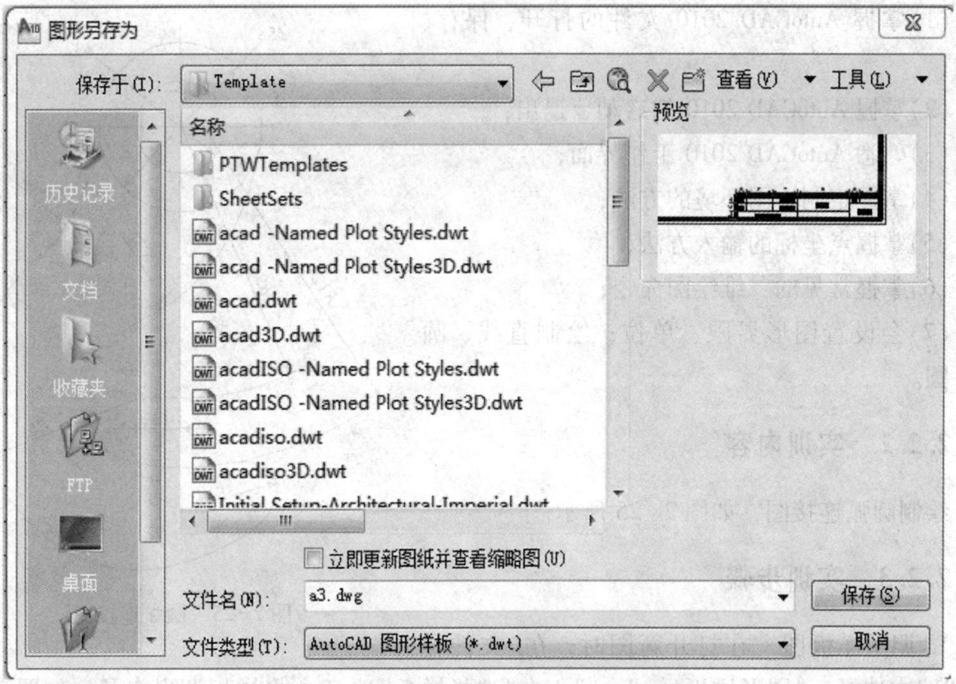

图 2-23 “保存样板图”对话框

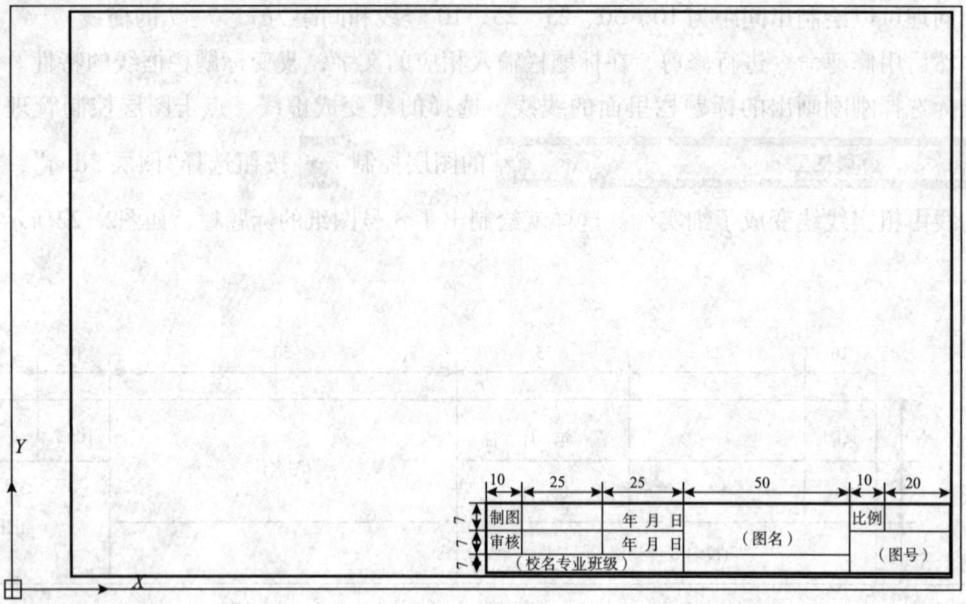

图 2-24　样板图

2.2　AutoCAD 基本操作以及绘图初步实训

2.2.1　实训目的

(1)掌握 AutoCAD 2010 文件的打开、保存、新建；

(2)掌握 AutoCAD 2010 的启动、退出；

(3)熟悉 AutoCAD 2010 工作界面；

(4)掌握定制绘图环境的方法；

(5)掌握点坐标的输入方法；

(6)掌握常见的二维绘图命令；

(7)会设置图形界限、单位；绘制直线、圆弧、圆。

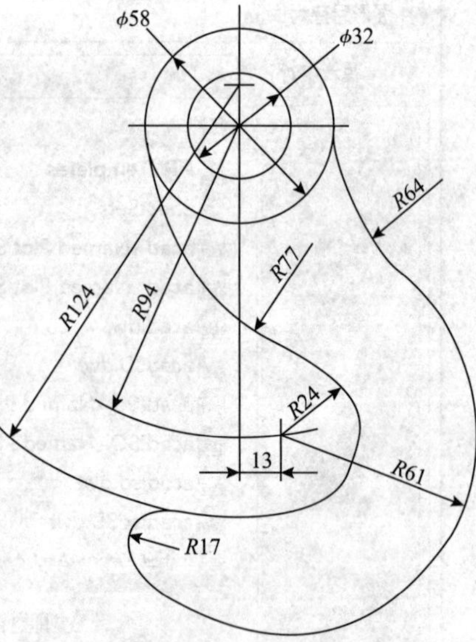

图 2-25　圆弧连接图

2.2.2　实训内容

绘制圆弧连接图，如图 2-25 所示。

2.2.3　实训步骤

1. 调用样板图　在打开新图时，在“文件类型(T)”中选择：“图形样板(＊dwt)”，在“选择样板”选 a3，将样板调出来了，如图 2-24 所示。

2. 绘制中心线　打开 center 层。绘制所有中心线，使用命令：Line，circle，offset，break，先绘制圆(直径为 32 与 58)的两条中心线，再用 offset 命令绘制与竖直对称中心线向右相距 13 的线段；再绘制直径为：32，58 的两个圆。

3. 确定辅助绘图点　绘制 R94 的圆，与竖直对称中心线向右相距 13 的线段相交于 A 点，确定半径为 24，61 的两个圆弧的中心点为 A，如图 2-26 所示。

4. 绘制余下已知圆弧　绘制半径为 24 与 61 的两个圆；用 Circle/ttr 命令绘制半径为 77 的圆与直径为 58 和半径为 24 的圆内外切；再用 Circle/ttr 命令绘制半径为 64 的圆，与直径为 58 和半径为 61 的圆外内切，如图 2-27 所示。

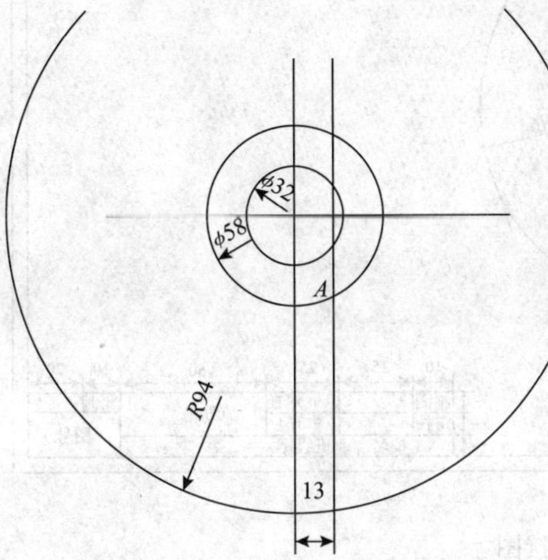

图 2-26　确定半径为 24，61 的两个圆弧的中心点 A

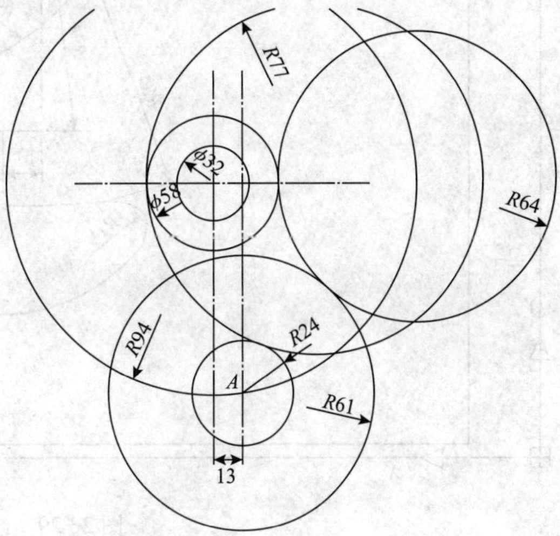

图 2-27　过点 *A* 半径为 24，61 的两个圆及半径为 77，64 的切圆

5. 修剪　用 Trim 命令剪断多余圆弧。

6. 做辅助圆　以 R24 的圆心为圆心，以 100(124－24)为半径作圆，在对称中心线上找到 R124 的圆心，并作 R124 圆弧；用 Circle/ttr 命令绘制半径为 11 的圆，与半径为 124 和半径为 61 的圆外内切，如图 2-28 所示。

7. 修剪　用 Trim 和 break 修剪去多余线段。

8. 标注　用 DIM 类命令 liner，Radius and Diameter(线性，半径和直径)标注尺寸。用 move 命令将图形移到最合适的位置，如图 2-29 所示绘制圆弧连接图。

9. 保存　取名(学号，中文姓名和图号)存盘。

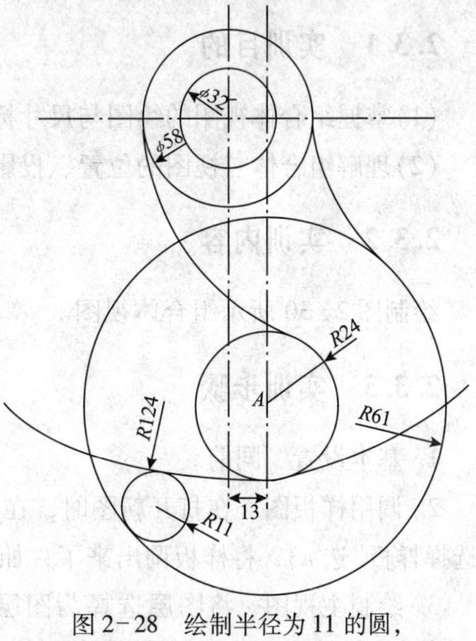

图 2-28　绘制半径为 11 的圆，与半径为 124 和半径为 61 的圆外内切

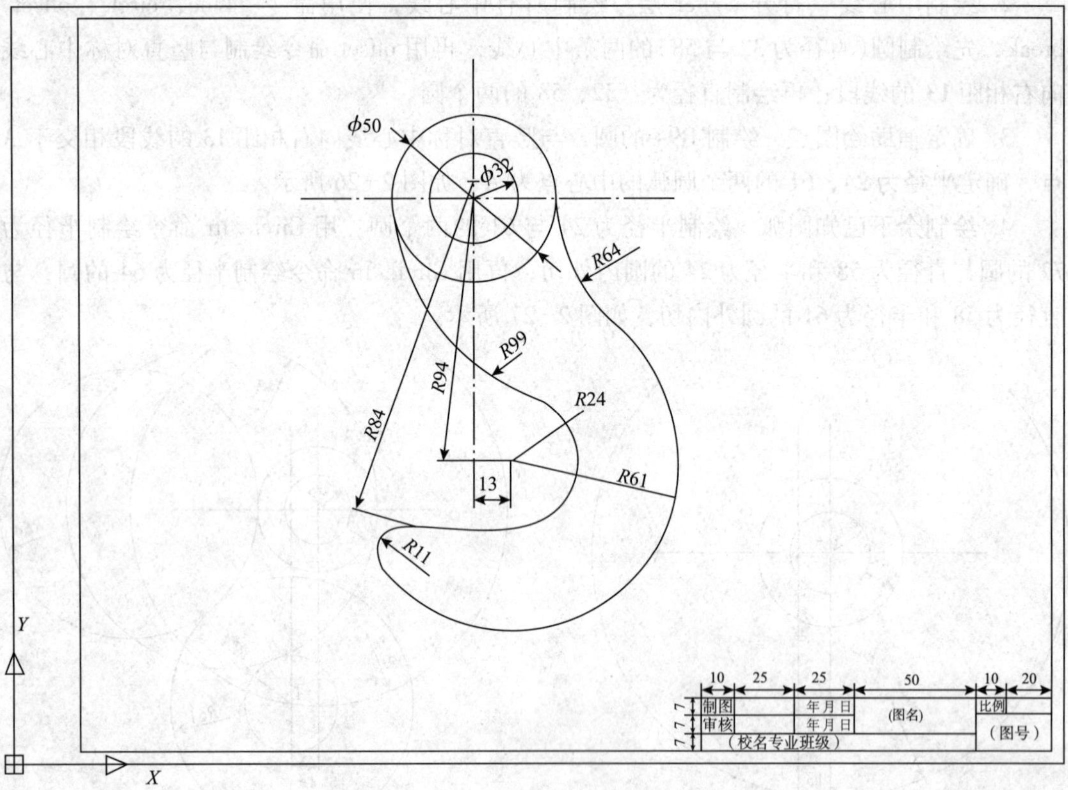

图 2-29　绘制圆弧连接图

2.3　绘制组合体视图实训

2.3.1　实训目的

(1)掌握组合体视图的绘图与尺寸标注;

(2)理解组合体三视图的位置、投影关系。

2.3.2　实训内容

绘制图 2-30 所示组合体视图。

2.3.3　实训步骤

1. 基本设置　同前。

2. 调用样板图　在打开新图时，在“文件类型(T)”中选择：“图形样板(＊dwt)”，在“选择样板”选 a3，将样板调出来了，如图 2-24 所示。

3. 绘制主视图　将图层选择为图层 6solid 的轮廓线，打开格式下拉菜单选择标注样式，打开“标注样式管理器”对话框，点击“修改”按钮，选择“主单位”选项卡，将比例因子设置为10，即按1∶10画图。

(1)绘制主视图的轮廓线：

命令：_ line

指定第一点：用鼠标在图纸中合适的位置拾取一点(水平向右拉出)
指定下一点或[放弃(U)]：60↙(垂直向上拉出)
指定下一点或[放弃(U)]：45↙(水平向左拉出)
指定下一点或[放弃(U)]：16↙(垂直向下拉出)
指定下一点或[闭合(C)/放弃(U)]：33↙(45－12，水平向左拉出)
指定下一点或[闭合(C)/放弃(U)]：44↙(60－16，垂直向下拉出)

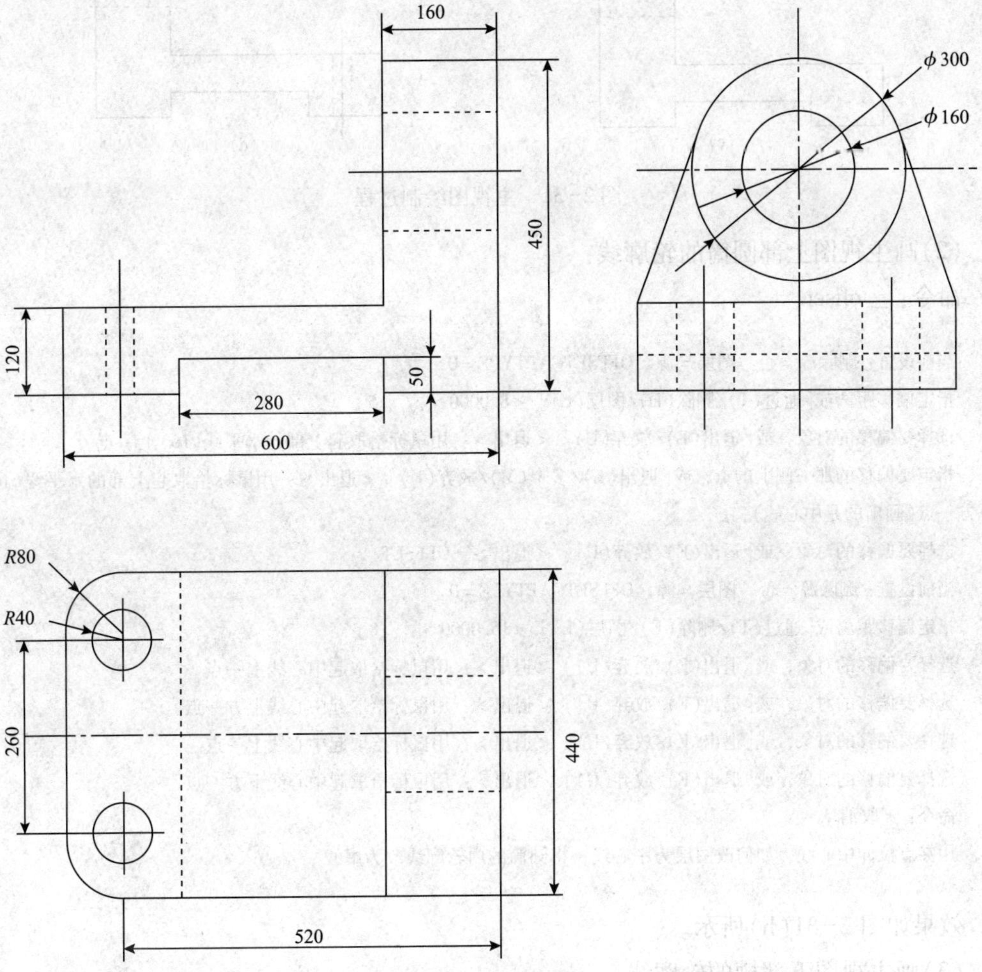

图2-30 组合体视图

指定下一点或[闭合(C)/放弃(U)]：用鼠标拾取起点

指定下一点或[闭合(C)/放弃(U)]：↙

效果如图2-31(a)所示。

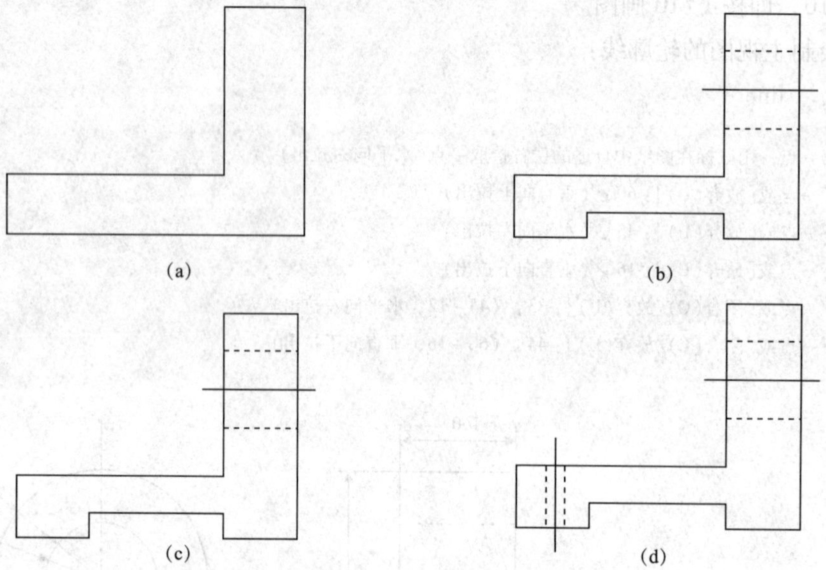

图 2-31　主视图绘制过程

(2)画主视图上部圆筒的轮廓线：

命令：_ offset

当前设置：删除源 = 否　图层 = 源　OFFSETGAPTYPE = 0

指定偏移距离或[通过(T)/删除(E)/图层(L)] <8.0000>：　15↙

选择要偏移的对象，或[退出(E)/放弃(U)] <退出>：用鼠标拾取起上部的水平线(16)上一点

指定要偏移的那一侧上的点，或[退出(E)/多个(M)/放弃(U)] <退出>：用鼠标拾取起上部的水平线(16)下方一点(画出的是中心线)，↙

选择要偏移的对象，或[退出(E)/放弃(U)] <退出>：OFFSET

当前设置：删除源 = 否　图层 = 源　OFFSETGAPTYPE = 0

指定偏移距离或[通过(T)/删除(E)/图层(L)] <15.0000>：　8↙

选择要偏移的对象，或[退出(E)/放弃(U)] <退出>：用鼠标拾取起中心线上一点

选择要偏移的对象，或[退出(E)/放弃(U)] <退出>：用鼠标拾取起中心线上方一点

选择要偏移的对象，或[退出(E)/放弃(U)] <退出>：用鼠标拾取起中心线上一点

选择要偏移的对象，或[退出(E)/放弃(U)] <退出>：用鼠标拾取起中心线下方一点

命令：*取消*

用夹点拉伸中心线，如何改图层为中心线；将圆筒的内轮廓线改为虚线。

效果如图 2-31(b)所示。

(3)画主视图下部槽的轮廓线：

命令：_ line 指定第一点：用鼠标拾取起 60 线的中心点(垂直向上拉起)

指定下一点或[放弃(U)]：5↙

将此线向两侧偏移 14。

命令：_ offset

当前设置：删除源 = 否　图层 = 源　OFFSETGAPTYPE = 0

指定偏移距离或[通过(T)/删除(E)/图层(L)] <8.0000>：　14↙

选择要偏移的对象，或[退出(E)/放弃(U)] <退出>：用鼠标拾取起5线上的一点

指定要偏移的那一侧上的点，或[退出(E)/多个(M)/放弃(U)] <退出>：用鼠标拾取起5线右侧一点

选择要偏移的对象，或[退出(E)/放弃(U)] <退出>：用鼠标拾取起5线上的一点

指定要偏移的那一侧上的点，或[退出(E)/多个(M)/放弃(U)] <退出>：用鼠标拾取起5线左侧一点

选择要偏移的对象，或[退出(E)/放弃(U)] <退出>：

将60线的中心垂直向上的5线删除：

命令：_ erase

选择对象：指定对角点：(用鼠标拾取60线的中心垂直向上的5线)找到1个

选择对象：↙

将深5的槽下面的28的线剪掉：

命令：_ trim

当前设置：投影 = UCS，边 = 无

选择剪切边　(用鼠标拾取60线的中心点两侧垂直向上的两个5线)找到1个

选择对象或 <全部选择>：　指定对角点：找到2个

选择对象：↙

选择要修剪的对象，或按住 Shift 键选择要延伸的对象，或

[栏选(F)/窗交(C)/投影(P)/边(E)/删除(R)/放弃(U)]：用鼠标单击深5的槽下面的28的线。

效果如图2-31(c)所示。

(4)画主视图左部的两个孔：

将主视图右边45线偏移52，确定孔的中心线，然后利用夹点，调整长短，改线型为中心线：

命令：_ offset

当前设置：删除源 = 否　图层 = 源　OFFSETGAPTYPE = 0

指定偏移距离或[通过(T)/删除(E)/图层(L)] <14.0000>：52↙

选择要偏移的对象，或[退出(E)/放弃(U)] <退出>：用鼠标拾取的45线上一点

指定要偏移的那一侧上的点，或[退出(E)/多个(M)/放弃(U)] <退出>：用鼠标在45线左边拾取一点。

用夹点调整长短，改线型为中心线。画孔的虚线：

命令：_ offset

当前设置：删除源 = 否　图层 = 源　OFFSETGAPTYPE = 0

指定偏移距离或[通过(T)/删除(E)/图层(L)] <52.0000>：2↙

选择要偏移的对象，或[退出(E)/放弃(U)] <退出>：用鼠标在孔中心线上拾取一点

指定要偏移的那一侧上的点，或[退出(E)/多个(M)/放弃(U)] <退出>：用鼠标在孔中心线右边拾取一点

选择要偏移的对象，或[退出(E)/放弃(U)] <退出>：用鼠标在孔中心线上拾取一点

指定要偏移的那一侧上的点，或[退出(E)/多个(M)/放弃(U)] <退出>：用鼠标在孔中心线左边拾取一点

然后修剪，将两个孔的边线改变图层为虚线。效果如图2-31(d)所示。

4. 绘制俯视图　将图层选择为图层 6solid 的轮廓线。

(1)绘制俯视图的轮廓线：

命令：_ line

指定第一点：用鼠标在主视图左边端点下面任取一点(鼠标向右水平拉出)
指定下一点或[放弃(U)]：60↙(鼠标向右水平拉出)
指定下一点或[放弃(U)]：44↙(鼠标向下垂直拉出)
指定下一点或[闭合(C)/放弃(U)]：60↙(鼠标向左水平拉出)
指定下一点或[闭合(C)/放弃(U)]：c↙
将绘制的矩形左边的两个直角倒圆角，R 为 8。

命令：_ fillet

当前设置：模式 = 修剪，半径 = 0.0000
选择第一个对象或[放弃(U)/多段线(P)/半径(R)/修剪(T)/多个(M)]：r↙
指定圆角半径 <0.0000>：8↙
选择第一个对象或[放弃(U)/多段线(P)/半径(R)/修剪(T)/多个(M)]：用鼠标选择要倒角的一个直角边
选择第二个对象，或按住 Shift 键选择要应用角点的对象：用鼠标选择要倒角的另一个直角边↙

命令：FILLET

当前设置：模式 = 修剪，半径 = 8.0000
选择第一个对象或[放弃(U)/多段线(P)/半径(R)/修剪(T)/多个(M)]：用鼠标选择要倒角的一个直角边
选择第一个对象或[放弃(U)/多段线(P)/半径(R)/修剪(T)/多个(M)]：选择第二个对象，或按住 Shift 键选择要应用角点的对象：用鼠标选择要倒角的另一个直角边↙

效果如图 2-32(a)所示。

(2)绘制俯视图的水平中心线和槽的虚线：

命令：_ line

指定第一点：用鼠标选择一条垂直边的中点
指定下一点或[放弃(U)]：用鼠标选择另一条垂直边的中点
用夹点调整绘制的中心线长度，改变图层为中心线层。

命令：_ line

指定第一点：用鼠标选择主视图槽左边端点
指定下一点或[放弃(U)]：用鼠标选择俯视图下边的垂足点↙
指定下一点或[放弃(U)]：用鼠标选择主视图槽右边端点

命令：_ line

指定第一点：用鼠标选择俯视图下边的垂足点↙

用夹点调整绘制的俯视图槽线的长度，改变图层为虚线层。效果如图 2-32(b)所示。

(3)绘制俯视图的两个孔及中心线：

命令：_ circle

> 指定圆的圆心或[三点(3P)/两点(2P)/切点、切点、半径(T)]：用鼠标选倒角圆的圆心
> 指定圆的半径或[直径(D)] <4.0000>：4↙

绘制孔的中心线：

命令：_ line

> 指定第一点：用鼠标选择圆孔的上象限点
> 指定下一点或[放弃(U)]：用鼠标选择圆孔的下象限点
> 指定下一点或[放弃(U)]：↙

命令：_ line

> 指定第一点：用鼠标选择圆孔的左象限点
> 指定下一点或[放弃(U)]：用鼠标选择圆孔的右象限点

用夹点调整绘制的孔十字中心线的长度，改变图层为中心线层。复制孔及中心线到另一个孔的圆心。

命令：_ copy

> 选择对象：指定对角点：(用鼠标选择圆孔及十字中心线)找到 3 个
> 选择对象：↙
> 当前设置：　复制模式 = 多个
> 指定基点或[位移(D)/模式(O)] <位移>：指定第二个点或 <使用第一个点作为位移>：用鼠标选择十字中心线的中心复制到另一个孔的圆心。

效果如图 2-32(c)所示。

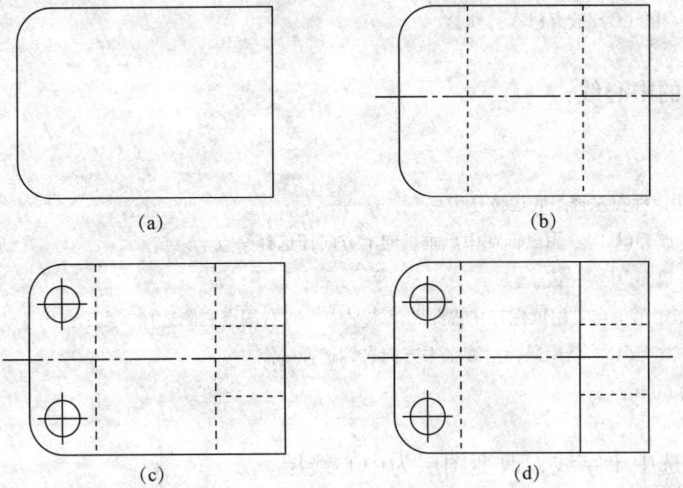

图 2-32　俯视图绘制过程

(4)绘制俯视图的圆筒及筋板的投影线：

绘制筋板的投影线：

命令：_ line

指定第一点：用鼠标选择槽左边虚线的顶点
指定下一点或[放弃(U)]：用鼠标选择槽左边虚线的底点
指定下一点或[放弃(U)]：↙

对水平中心线做上下偏移线，距离为8；

命令：_ offset

当前设置：删除源=否　图层=源　OFFSETGAPTYPE=0
指定偏移距离或[通过(T)/删除(E)/图层(L)] <通过>：8↙
选择要偏移的对象，或[退出(E)/放弃(U)] <退出>：用鼠标选择水平中心线上一点
指定要偏移的那一侧上的点，或[退出(E)/多个(M)/放弃(U)] <退出>：用鼠标选择水平中心线上面的一点
选择要偏移的对象，或[退出(E)/放弃(U)] <退出>：用鼠标选择水平中心线上一点
指定要偏移的那一侧上的点，或[退出(E)/多个(M)/放弃(U)] <退出>：用鼠标选择水平中心线下面的一点

用夹点调整绘制的偏移线的长度，改变图层为虚线层。

效果如图2-32(d)所示。

5. 绘制左视图　将图层选择为图层6solid的轮廓线。

(1)绘制左视图的轮廓线：

命令：_ line

指定第一点：用鼠标在主视图右侧下端点右边水平选择一点
指定下一点或[放弃(U)]：44↙
指定下一点或[放弃(U)]：12↙
指定下一点或[闭合(C)/放弃(U)]：44↙
指定下一点或[闭合(C)/放弃(U)]：c↙

绘制左视图的中心线：

命令：_ line

指定第一点：用鼠标在左视图底边选择中点
指定下一点或[放弃(U)]：用鼠标在中点垂直向上方向任选择一点
指定下一点或[放弃(U)]：↙
命令：_ line 指定第一点：用鼠标在主视图圆筒水平中心线右端点右侧选择一点
指定下一点或[放弃(U)]：用鼠标沿着水平方向右侧选择一点
下一点或[放弃(U)]：↙

用十字光标选中十字线，改变图层为中心线层。

(2)绘制圆筒：

命令：_ circle

指定圆的圆心或[三点(3P)/两点(2P)/切点、切点、半径(T)]：用鼠标选中十字中心线的中心
指定圆的半径或[直径(D)] <4.0000>：15↙

命令：_ circle

指定圆的圆心或[三点(3P)/两点(2P)/切点、切点、半径(T)]：用鼠标选中十字中心线的中心
指定圆的半径或[直径(D)] <4.0000>：8↙

(3)绘制筋板：

命令：_ line

指定第一点：用鼠标选择左视图底板的左上端点
指定下一点或[放弃(U)]：用鼠标选择左视图 ø30 圆上左边的切点
指定下一点或[放弃(U)]：↙
命令：_ line 指定第一点：用鼠标选择左视图底板的右上端点
指定下一点或[放弃(U)]：用鼠标选择左视图 ø30 圆上右边的切点
指定下一点或[放弃(U)]：↙

效果如图 2-33(a)。

(4)绘制左视图底板的槽线和孔。

绘制底板的槽线：

命令：_ line

指定第一点：用鼠标捕捉主视图底板槽上端点，选择左视图底板左端边线的交点
指定下一点或[放弃(U)]：用鼠标选择左视图底板右端边线的垂足
指定下一点或[放弃(U)]：↙

用十字光标选中刚刚绘制的槽线，改变图层为虚线层。

绘制左视图底板的孔。将左视图垂直中心线两侧偏移各 13 即为孔的中心线：

命令：_ offset

当前设置：删除源 = 否　图层 = 源　OFFSETGAPTYPE = 0
指定偏移距离或[通过(T)/删除(E)/图层(L)] <8.0000>：13↙
选择要偏移对象，或[退出(E)/放弃(U)]<退出>：用鼠标选择左视图垂直中心线上一点
指定要偏移的那一侧上的点，或[退出(E)/多个(M)/放弃(U)] <退出>：用鼠标选择左视图垂直中心线左边的一点
选择要偏移的对象，或[退出(E)/放弃(U)] <退出>：用鼠标选择左视图垂直中心线上一点
指定要偏移的那一侧上的点，或[退出(E)/多个(M)/放弃(U)] <退出>：用鼠标选择左视图垂直中心线右边的一点

将孔的中心线向两侧偏移 4 即为孔的边线。

命令：_ offset

当前设置：删除源 = 否　图层 = 源　OFFSETGAPTYPE = 0
指定偏移距离或[通过(T)/删除(E)/图层(L)] <13.0000>：4↙
选择要偏移的对象，或[退出(E)/放弃(U)] <退出>：用鼠标选择孔的中心线上的一点
指定要偏移的那一侧上的点，或[退出(E)/多个(M)/放弃(U)] <退出>：用鼠标选择孔的中心线右边的一点
选择要偏移的对象，或[退出(E)/放弃(U)] <退出>：用鼠标选择孔的中心线上的一点
指定要偏移的那一侧上的点，或[退出(E)/多个(M)/放弃(U)] <退出>：用鼠标选择孔的中心线左边的一点

同理，可以做出另一个孔的边线。然后修剪、删除改变线型为虚线，效果如图 2-33(b)所示。

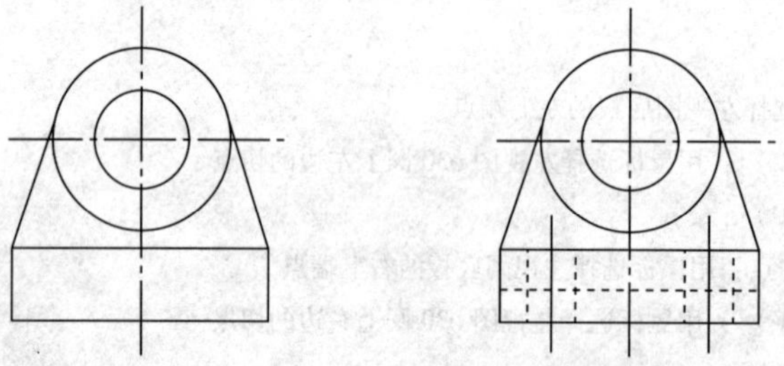

(a)　　(b)

图 2-33　左视图绘制过程

6. 标注　把图层调到图 3dim 层，对绘制好的三视图进行标注。标注完成组合体视图，如图 2-30 所示。

2.4　绘制等轴测图样实训

2.4.1　实训目的

掌握正等轴测图的绘图与尺寸标注。

2.4.2　实训内容

绘制图 2-34 所示形体的正等轴测图。

2.4.3　实训步骤

1. 基本设置　同前。作图思路，按照形体分析的方法，先将形体分解为底板、支撑板和两侧的肋板，再依次绘制各部分的形体。

2. 调用样板图　在打开新图时，在“文件类型(T)”中选择：“图形样板(* dwt)”，在“选择样板”选 a3，将样板调出来，如图 2-34 所示。

3. 等轴测绘图设置　将栅格和捕捉设置为等轴测捕捉，并将栅格和捕捉间距均设为 10。极轴追踪增量角设置为 30，打开正交模式。如图 2-35、图 2-36 所示。

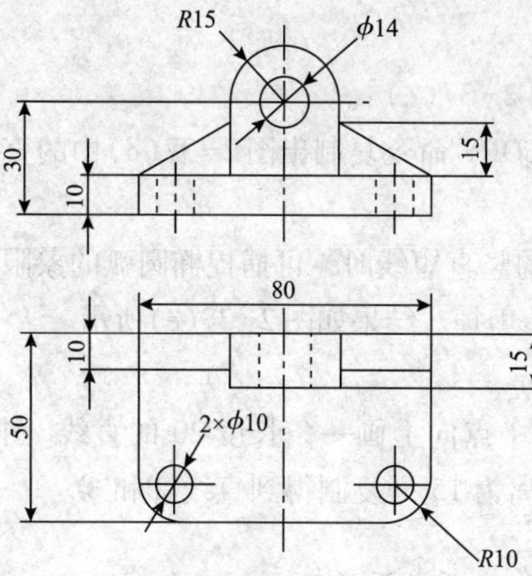

图 2-34　主视图和俯视图

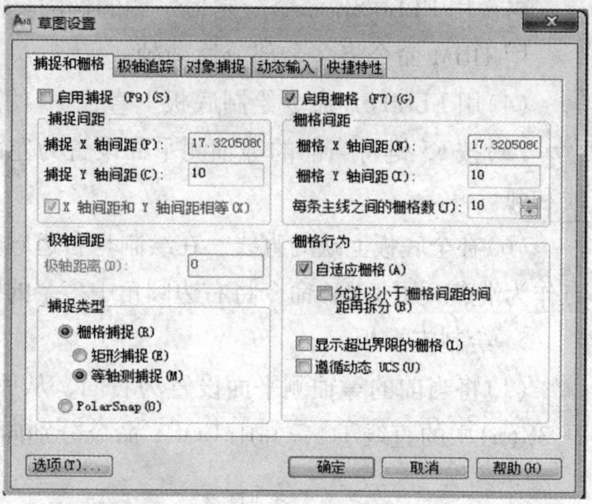

图 2-35　栅格和捕捉设置

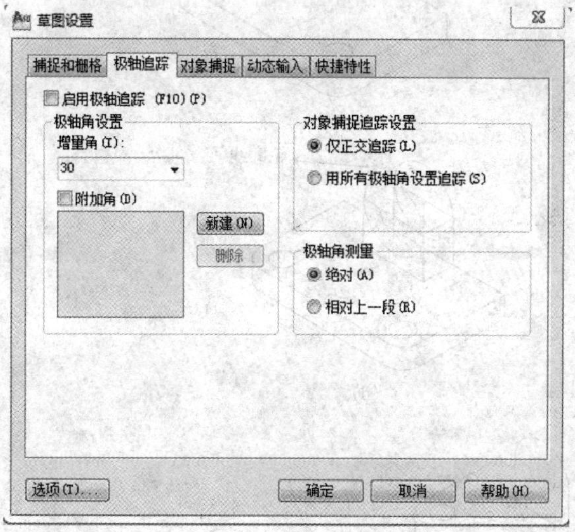

图 2-36　极轴追踪设置

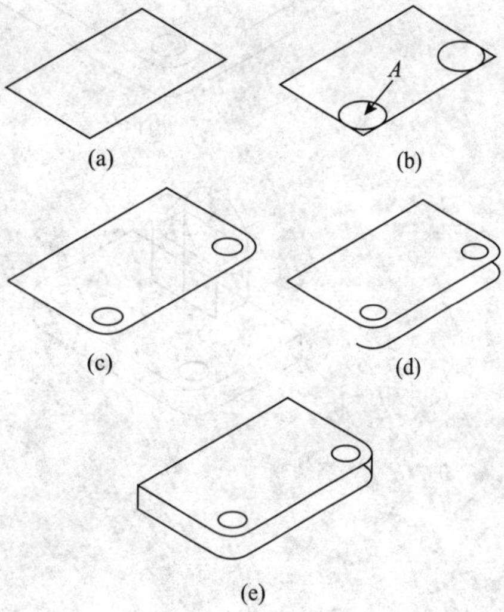

图 2-37　绘制底板

4. 绘制底板

(1)将当前的等轴测平面设置为上面(用 F5 切换为 <等轴测平面俯视>)。

(2)绘制一个长 80、宽 50 的矩形[图 2-37(a)]。

(3)将矩形前面的直角倒成 R10 的圆角[图 2-37(b)]。

在此，不能用 FILLET 命令，应该用 ELLIPSE 命令画椭圆。

命令：ELLIPSE

指定椭圆轴的端点或[圆弧(A)/中心点(C)/等轴测圆(I)]：I↙

指定等轴测圆的圆心：拾取圆角的圆心位置 A。

指定等轴测圆的半径或[直径(D)]：10↙

再次用 ELLIPSE 命令绘制另一侧的椭圆。

用 TRIM 命令将多余部分修剪掉。

(4)用 ELLIPSE 命令绘制底板上直径 10 的圆孔[图 2-37(c)]。

(5)按 F5 键将当前的等轴测平面设置为左面，用 COPY 命令复制出图 2-37(d)中的直线和弧。

(6)补全底板上缺的直线。在绘制与右边圆角相切的竖直短线时，可捕捉椭圆弧的象限点作为端点。用 TRIM 命令将右边圆角中多余的椭圆弧修剪掉。结果如图 2-37(e)所示。

5. 绘制支撑板

(1)将当前的等轴测平面设置为右面，从底板长边中点向上画一条长度 20 的直线[图 2-38(a)中的直线①]，并用 COPY 命令分别向两侧距离为 15 处复制得到直线②和③。

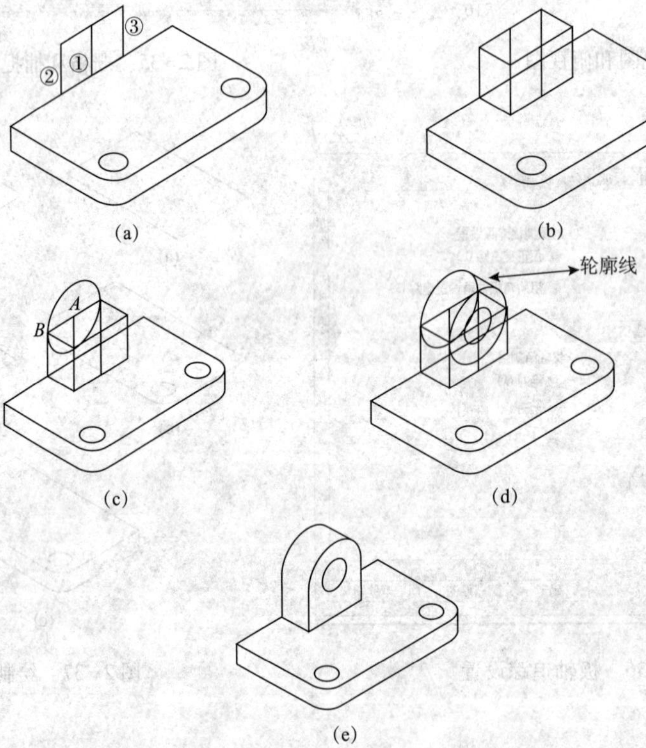

图 2-38　绘制支撑板

(2)在适当的等轴测平面上，补全图 2-38(b)中其余的线。

(3)将当前的等轴测平面设置为右面，绘制图 2-38(c)中的椭圆。

命令：ELLIPSE

指定椭圆轴的端点或[圆弧(A)/中心点(C)/等轴测圆(I)]：I↙

指定等轴测圆的圆心：捕捉圆角的圆心位置 A。

指定等轴测圆的半径或[直径(D)]：捕捉端点 B。

(4)画出前面的两个椭圆，并画出圆柱表面的轮廓线[图2-38(d)]。

(5)将图中不可见的部分修剪掉，结果如图2-38(e)所示。

6. 绘制肋板　在绘制肋板的斜边时，由于肋板斜边的端点不在栅格捕捉点上，所以要想利用栅格捕捉必须重新设置栅格捕捉间距(在本例中可设为5)。下面我们介绍另一种画斜线的方式。

(1)做辅助点[图2-39(a)]。

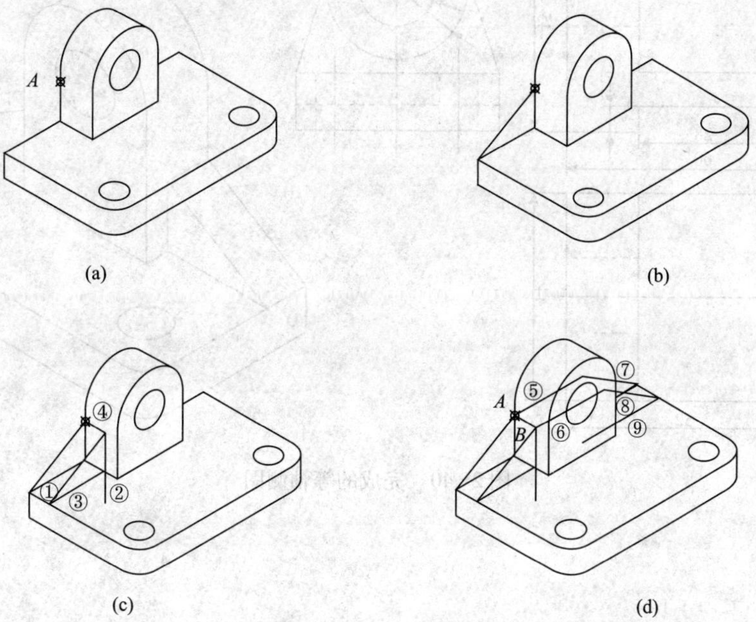

图2-39　绘制肋板

通过【格式】→【点样式】菜单打开【点样式】对话框，从中选择一种较明显的样式，代替默认的圆点样式。

做辅助点A：

命令：MEASURE

> 选择要定距等分的对象：选中A点所在的直线，选取时应接近直线的下端。
> 指定线段长度或[块(B)]：15↙

在A点处做了一个辅助点。

(2)打开【草图设置】对话框，在【对象捕捉方式】中选中【节点】。请确认状态栏中的【对象捕捉】按钮处于选中状态。

(3)用LINE命令通过对象捕捉端点和点A绘制斜线[图2-39(b)]。

(4)将当前的等轴测平面设置为左面，用COPY命令将刚画好的斜线向前方距离为10处复制出直线①[图2-39(c)]。

(5)在适当的等轴测平面上，依次画出直线②、③和④。

(6)如图 2-39(d)所示，分别从 A、B 点向右画两条长为 30 的直线⑤和⑥。利用⑤和⑥的端点，运用端点捕捉及栅格捕捉，画出斜线⑦和⑧。并画直线⑨。

(7)将多余的线删除或剪掉，即可完成正等轴测图，如图 2-40 所示。

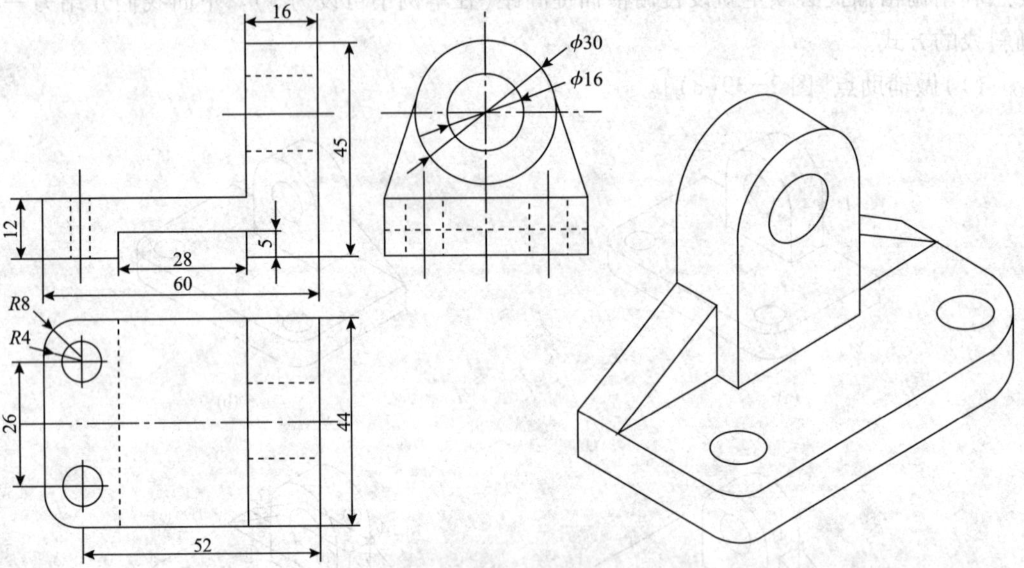

图 2-40　完成的等轴测图

第 3 章　AutoCAD 工程图实训

3.1　零件图实训

1. 壳体零件图绘制训练

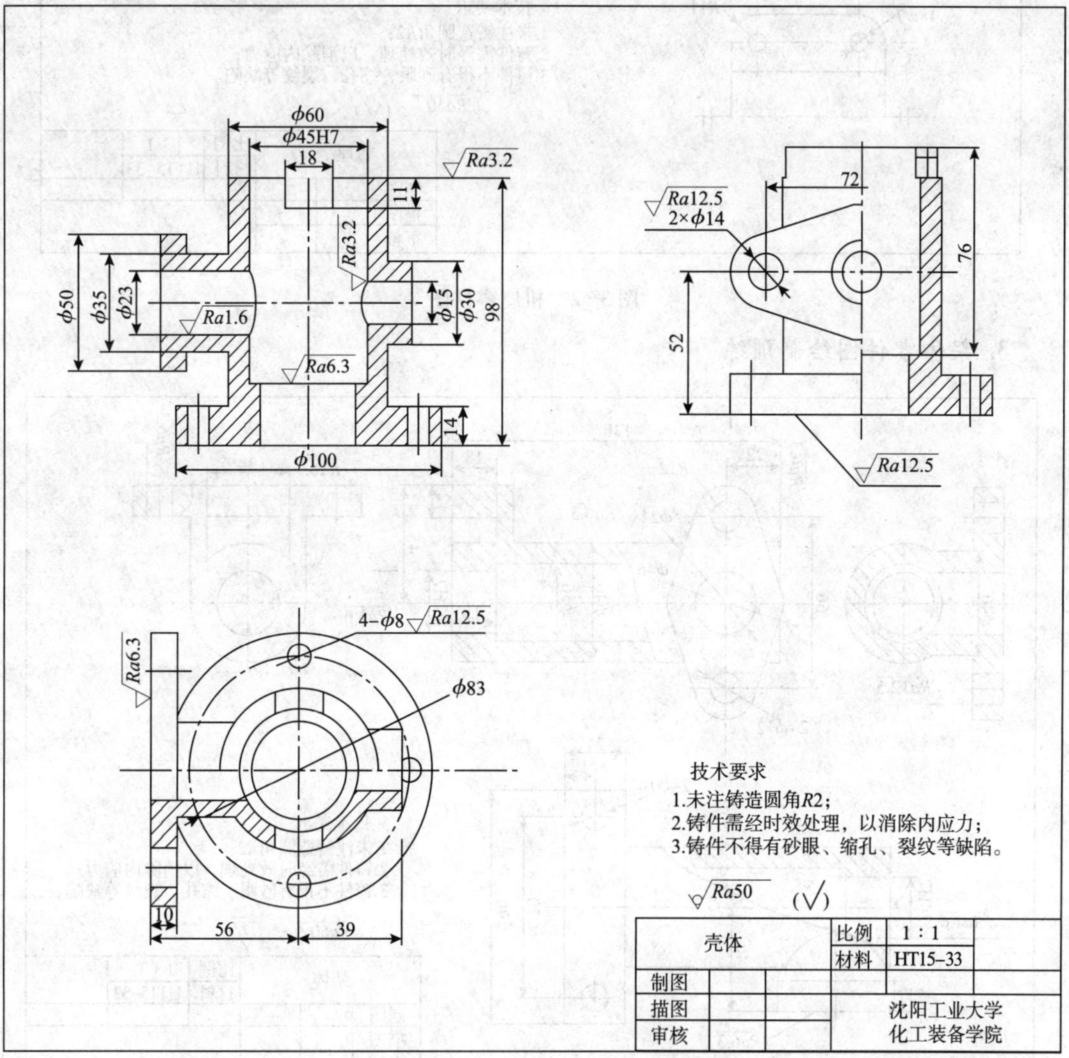

图 3-1　壳体零件图

2. 机座零件图绘制训练

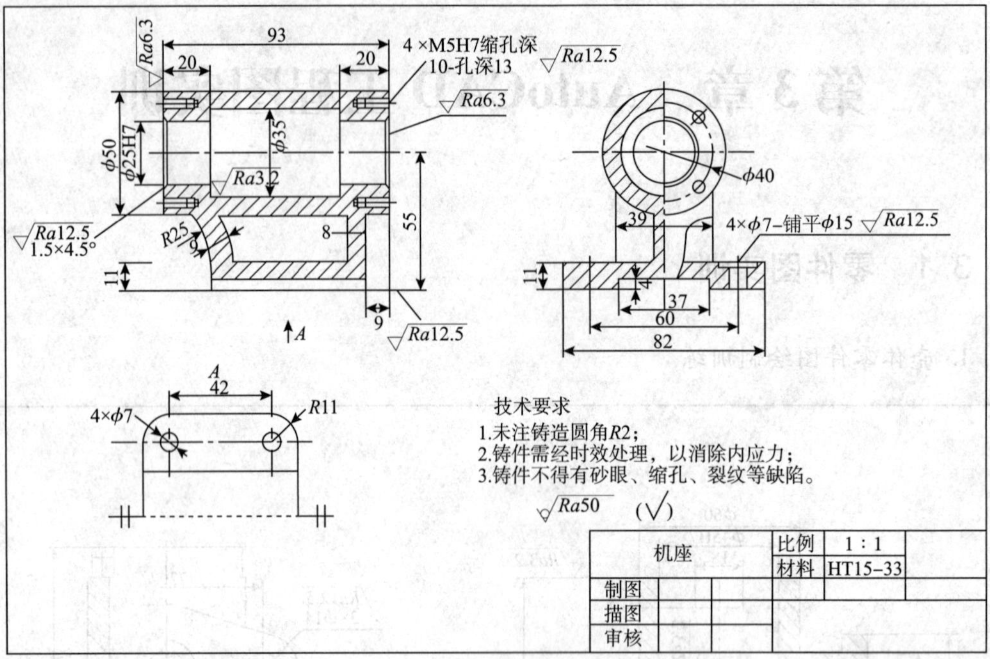

图 3-2　机座零件图

3. 架体零件图绘制训练

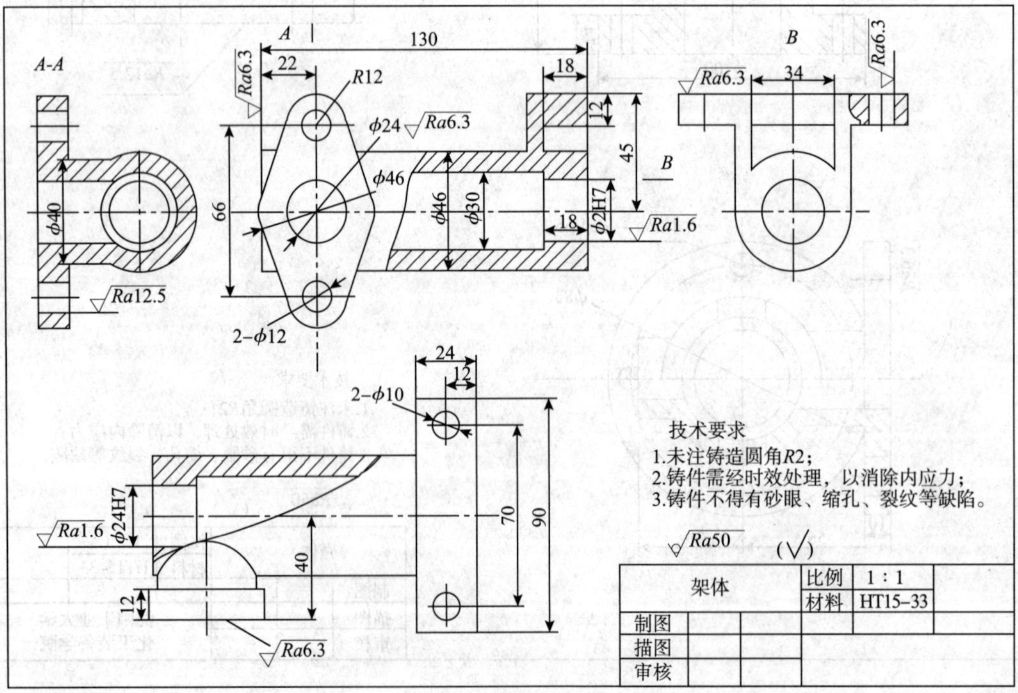

图 3-3　架体零件图

4. 阀体零件图绘制训练

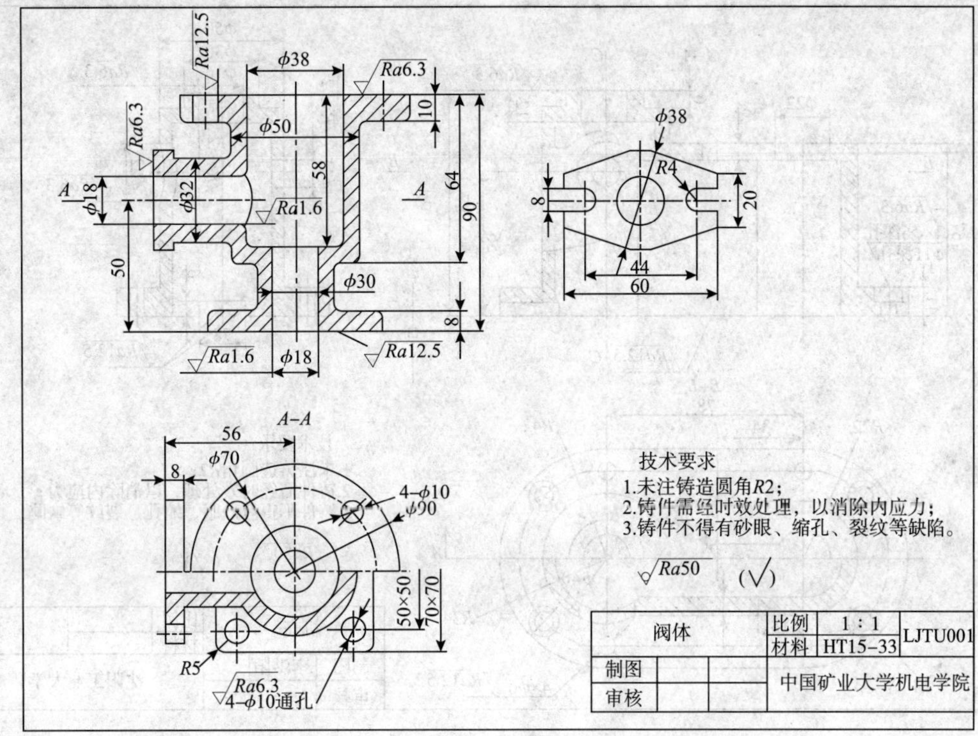

图 3–4　阀体零件图

5. 阀体座零件图绘制训练

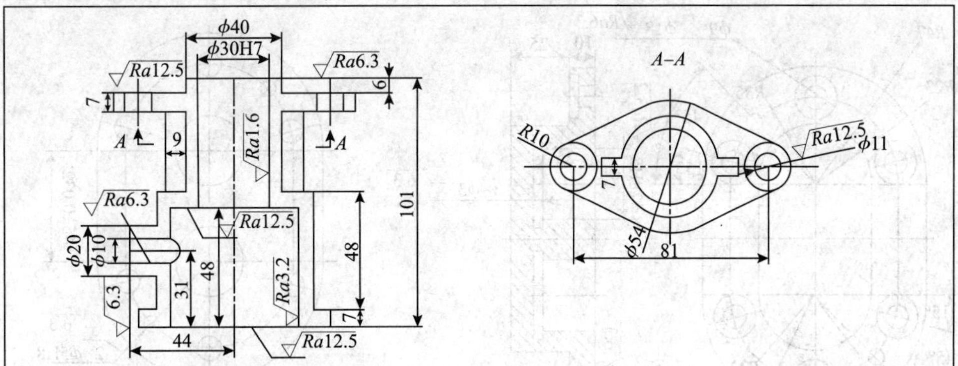

图 3–5　阀体座零件图

6. 机壳零件图绘制训练

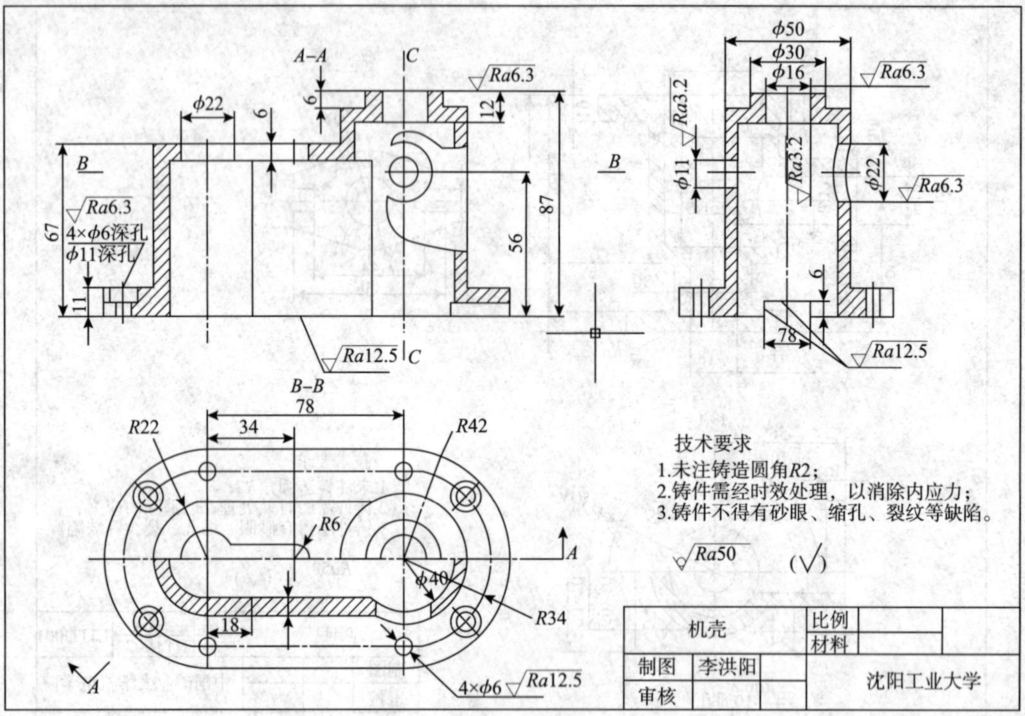

图 3-6　机壳零件图

7. 泵盖零件图绘制训练

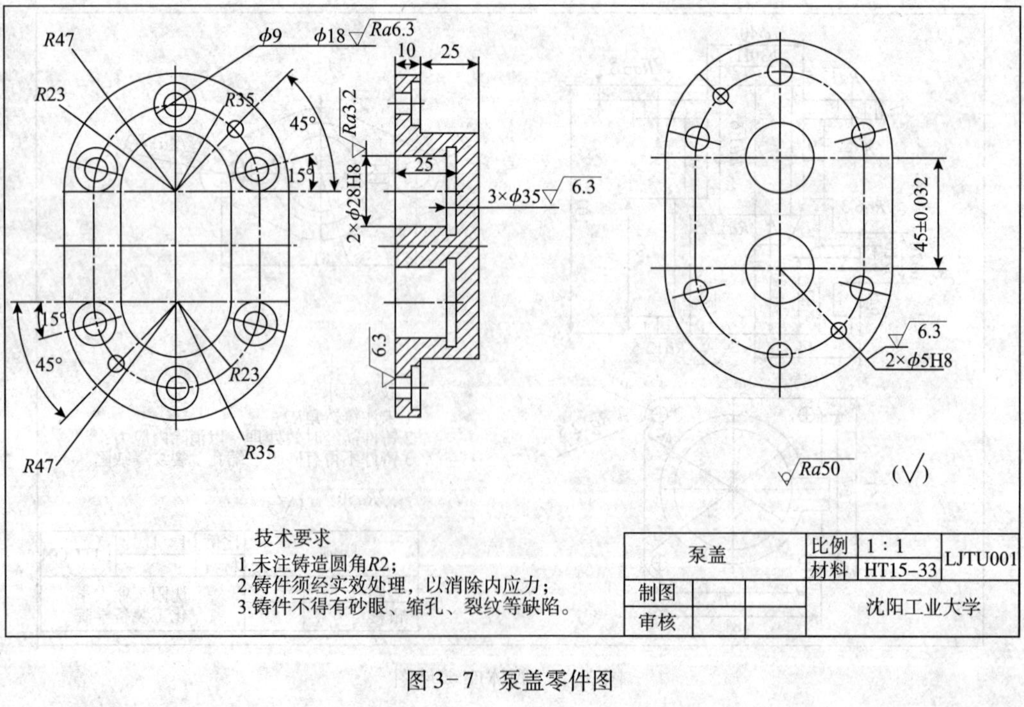

图 3-7　泵盖零件图

8. 泵壳体零件图绘制训练

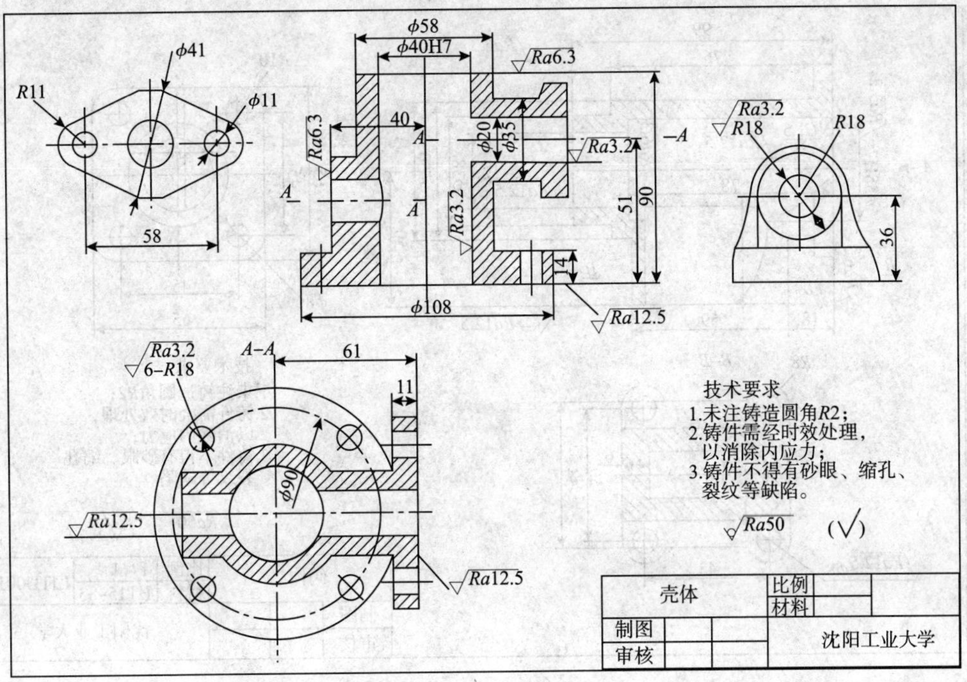

图 3-8　泵壳体零件图

9. 支架零件图绘制训练

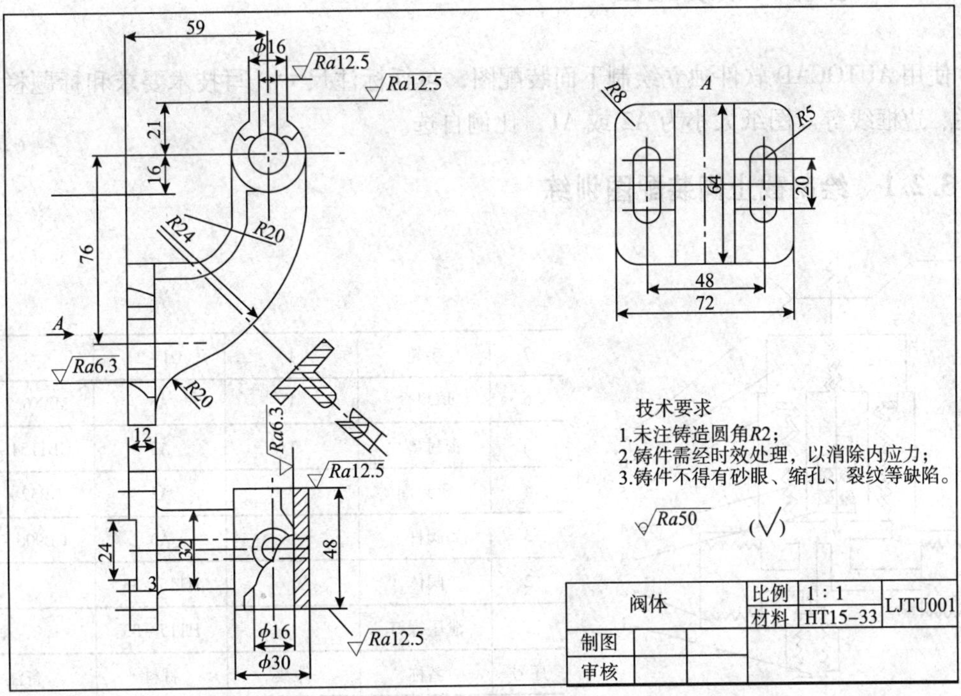

图 3-9　支架零件图

10. 泵底座零件图绘制训练

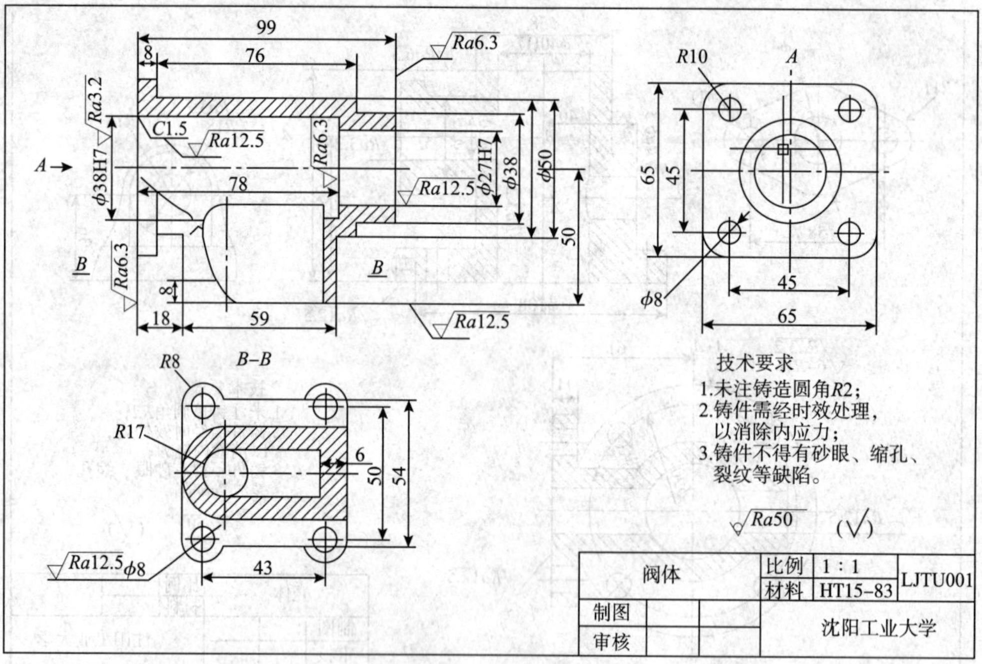

图 3-10　泵底座零件图

3.2　绘制机械装配图

使用 AUTOCAD 软件独立绘制下面装配图，包括标注尺寸，写技术要求和标题栏、明细栏、边框线等。图纸大小为 A2 或 A1，比例自选。

3.2.1　绘制截止阀装配图训练

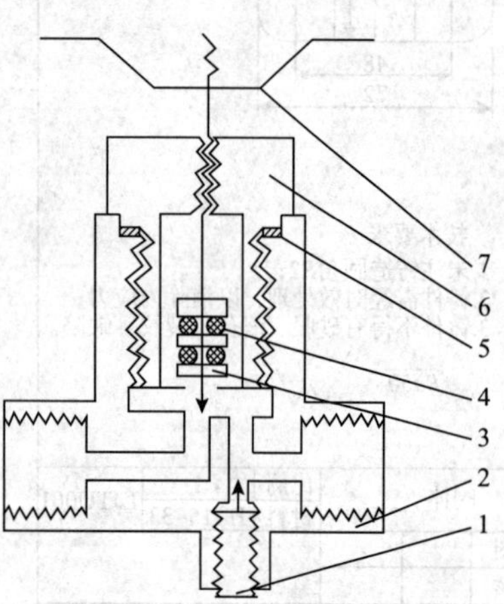

图 3-11　截止阀装配示意图

7	手轮	1	QJ－2	
6	填料盒	1	A3	MZX6. 2－5
5	密封垫片	1	A3	GB1154－74
4	密封圈	2	A3	GB52－76
3	阀杆	1	A3	GB900－76
2	阀体	1	HT15－33	
1	泄压螺钉	1	HT15－33	
序号	名称	件数	材料	备注

图 3-12　截止阀装配示意图明细栏

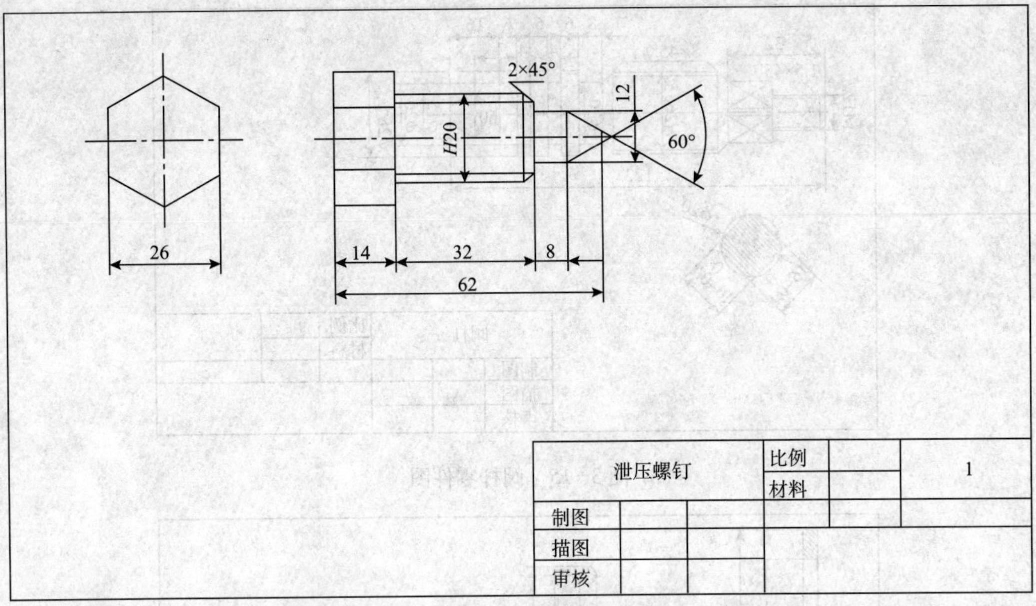

图 3-13　泄压螺钉

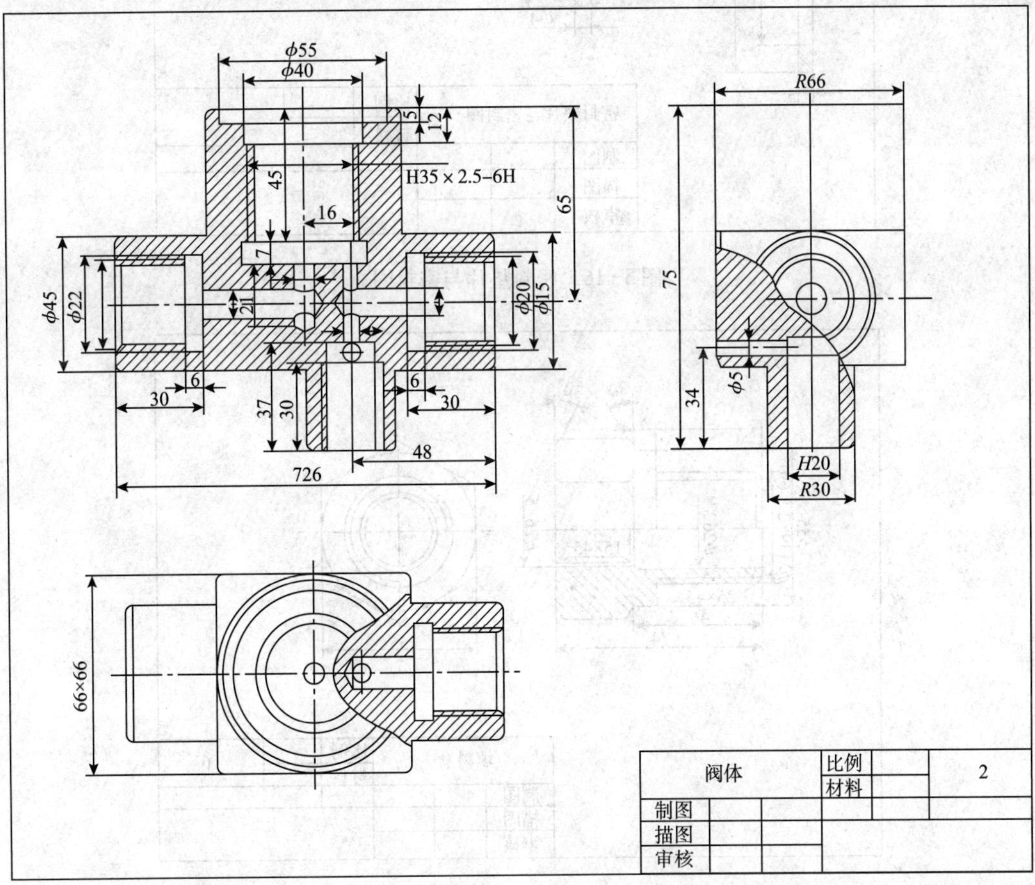

图 3-14　阀体零件图

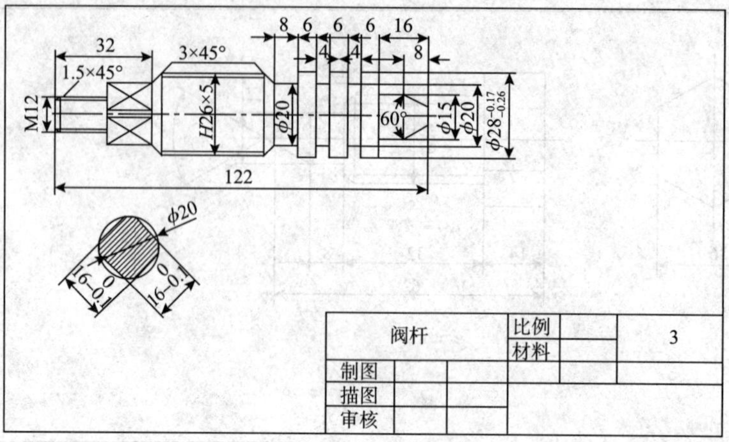

图 3-15 阀杆零件图

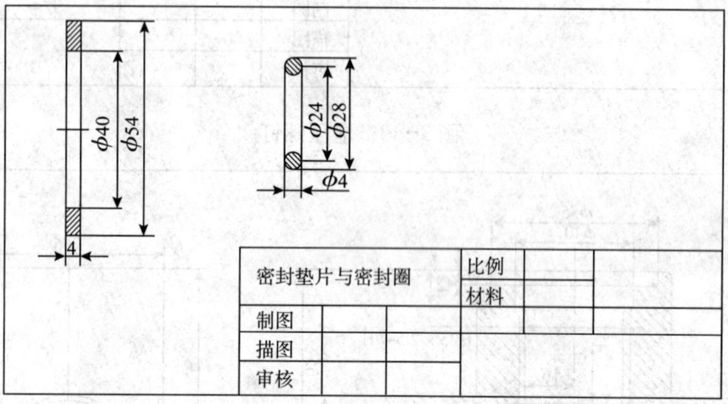

图 3-16 密封垫片与密封圈

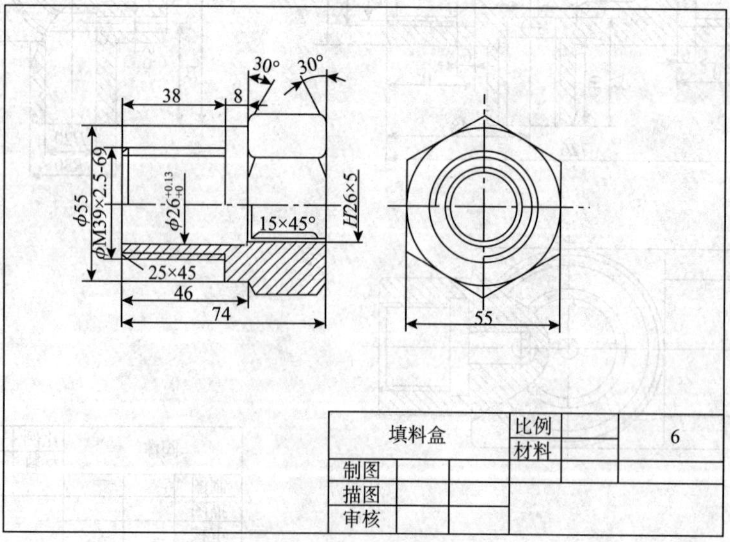

图 3-17 填料盒零件图

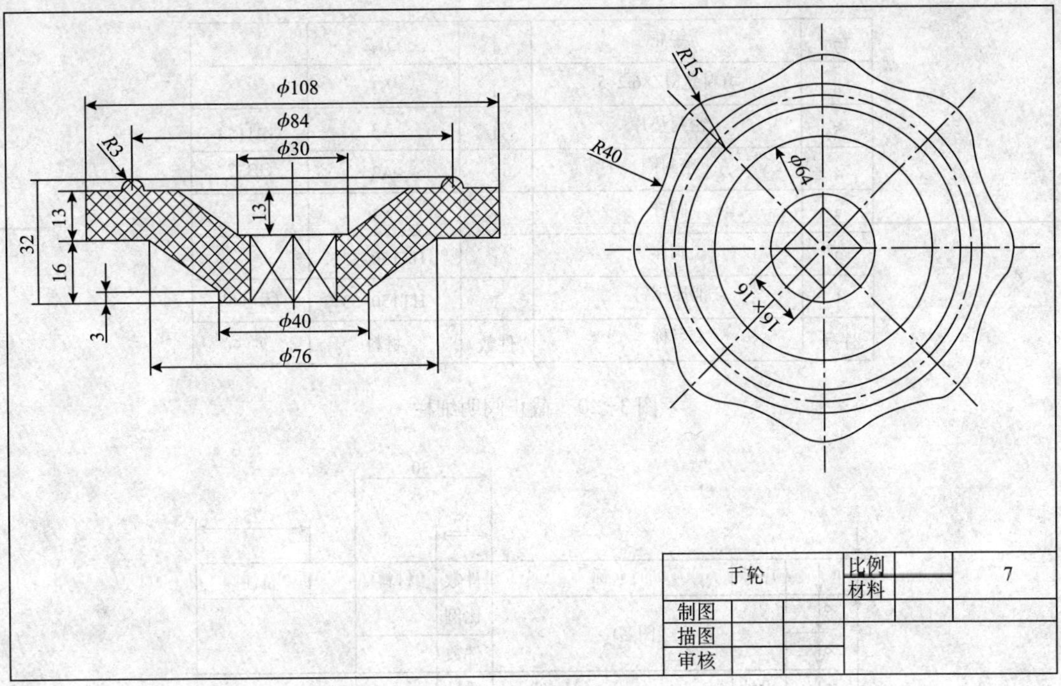

图 3-18 手轮零件图

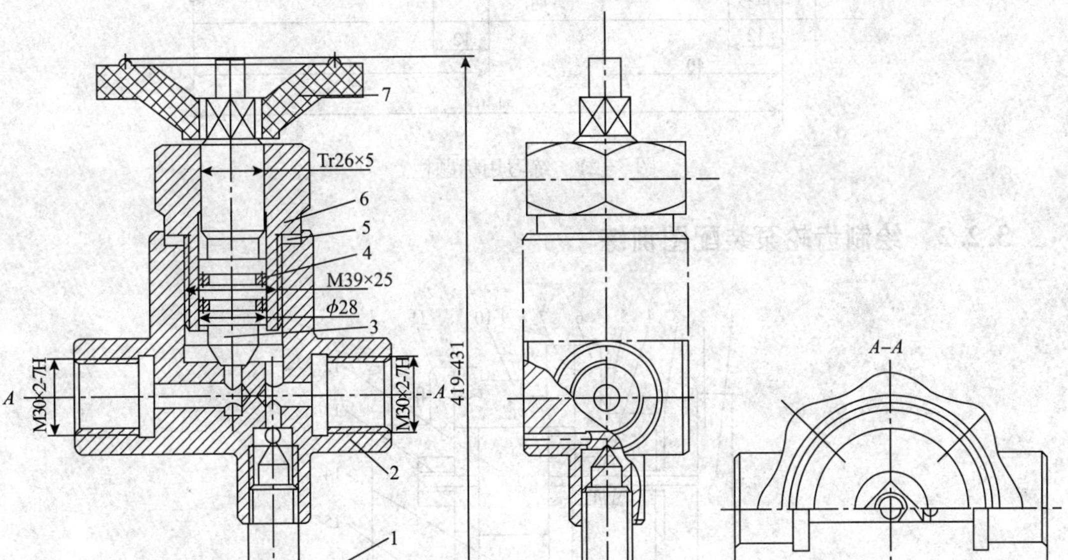

图 3-19 截止阀

7	手轮	1	QJ-2	
6	填料盒MZ×6.2–5	1	A3	
5	密封垫片	1	A3	GB1154
4	密封圈	2	A3	GB32
3	阀杆	1	A3	
2	阀体	1	HT150–33	
1	泄压螺钉	1	HT150–33	GB900
序号	名称	件数	材料	备注

图 3-20　截止阀明细栏

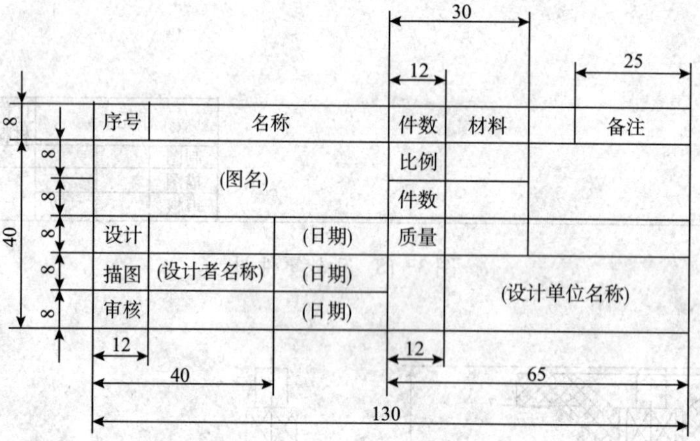

图 3-21　练习用标题栏

3. 2. 2　绘制齿轮泵装配图训练

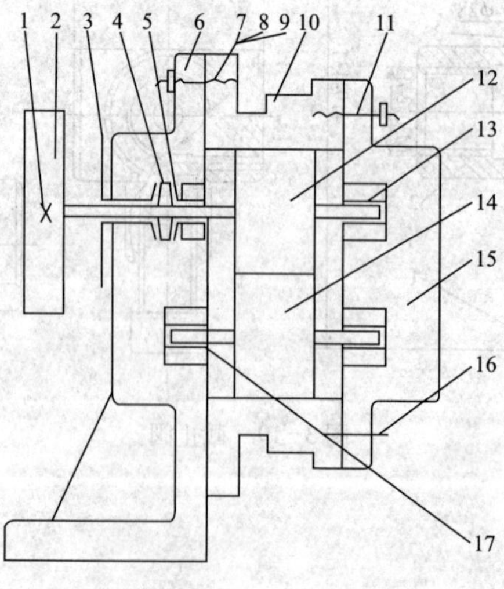

图 3-22　齿轮泵装配示意图

17	螺钉 M4×8	4	Q235	GB 76—85
16	销 5×22	1	Q235	GB/T 117—2000
15	泵盖	1	HT300	
14	从动齿轮	1	45	$m=2.5$，$z=18$
13	轴瓦	3	ZH62	
12	主动齿轮	4	45	$m=2.5$，$z=18$
11	螺柱 M8×20	6	Q235	GB/T 898—2000
10	泵体	1	HT300	
9	垫圈 8	12	65Mn	GB 93—85
8	螺栓 M8×30	6	Q235	GB/T 5782—2000
7	螺母 M8	14	Q235	GB/T 6170—2000
6	泵座	1	HT300	
5	轴瓦	1	ZH62	
4	毡圈	1	毡	
3	压盖	1	HT200	
2	皮带轮	1	HT200	
1	键 6×22	1	Q235	GB/T 1096—2000
序号	名称	件数	材料	备注

图 3-23 齿轮泵装配示意图明细栏

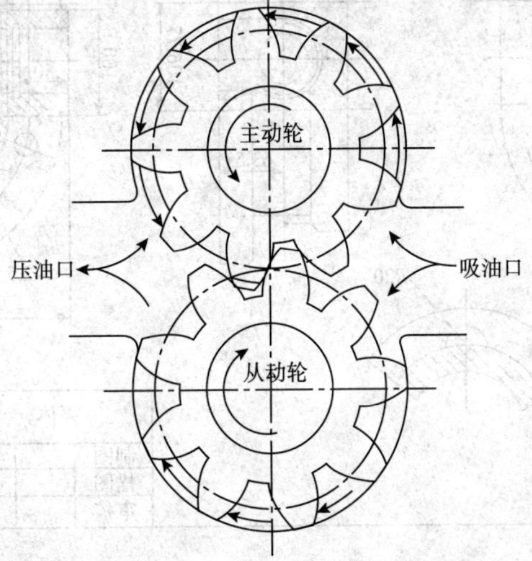

图 3-24 齿轮油泵工作原理图

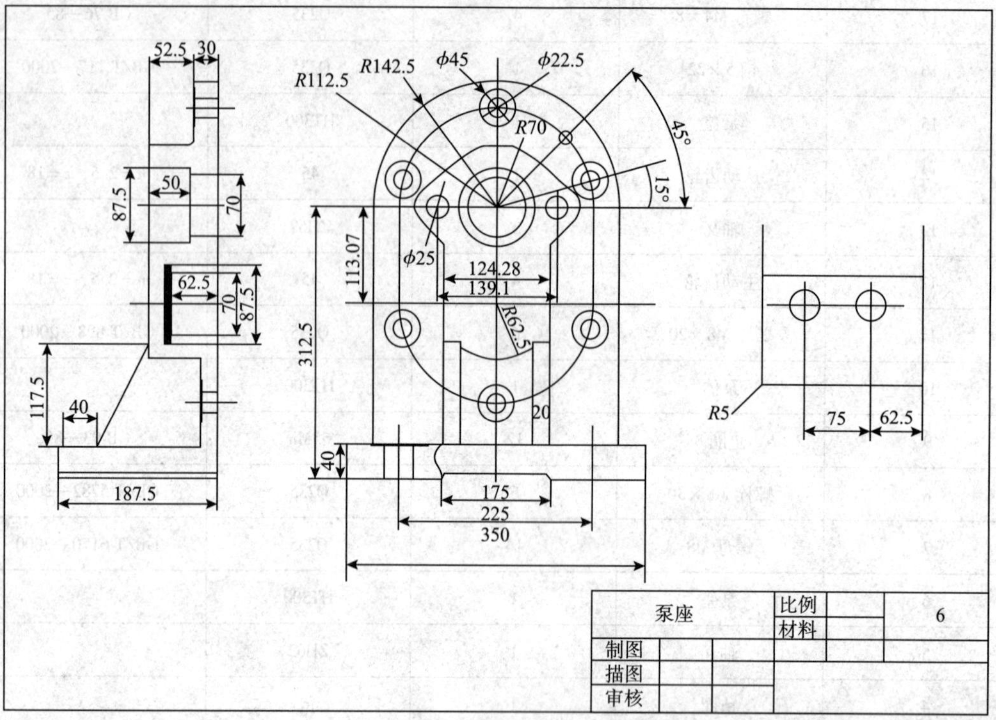

图 3-25　泵座图

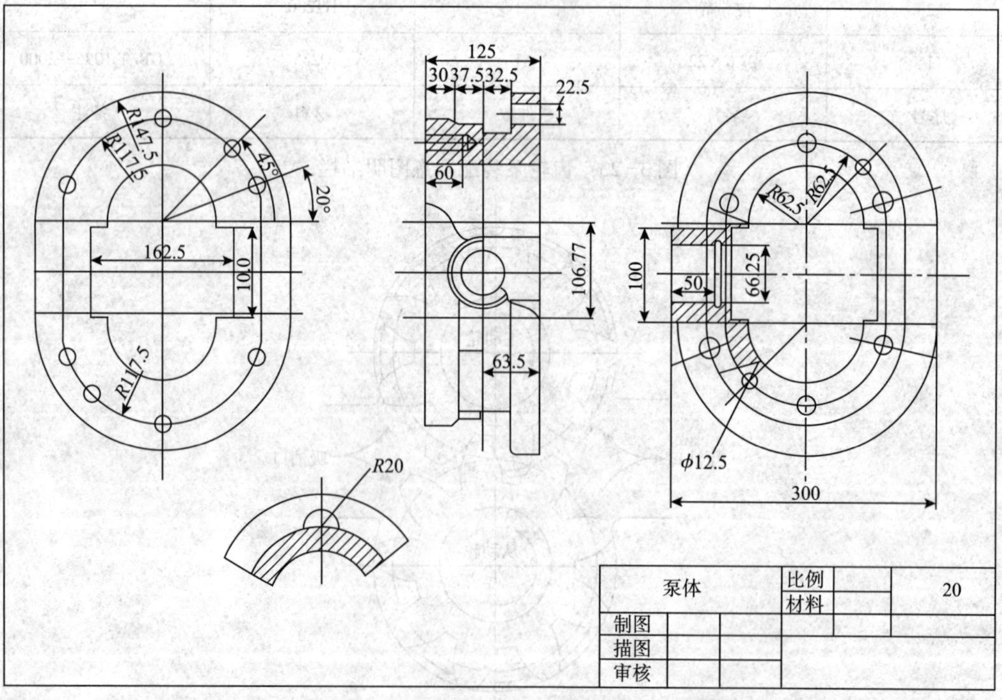

图 3-26　泵体图

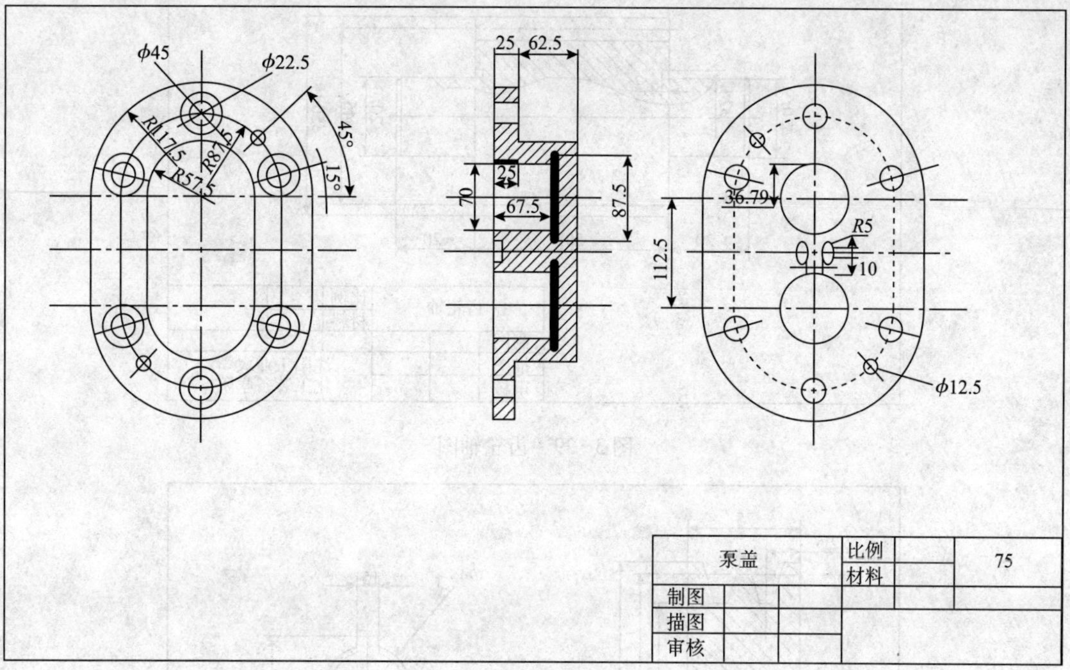

图 3-27　泵盖图

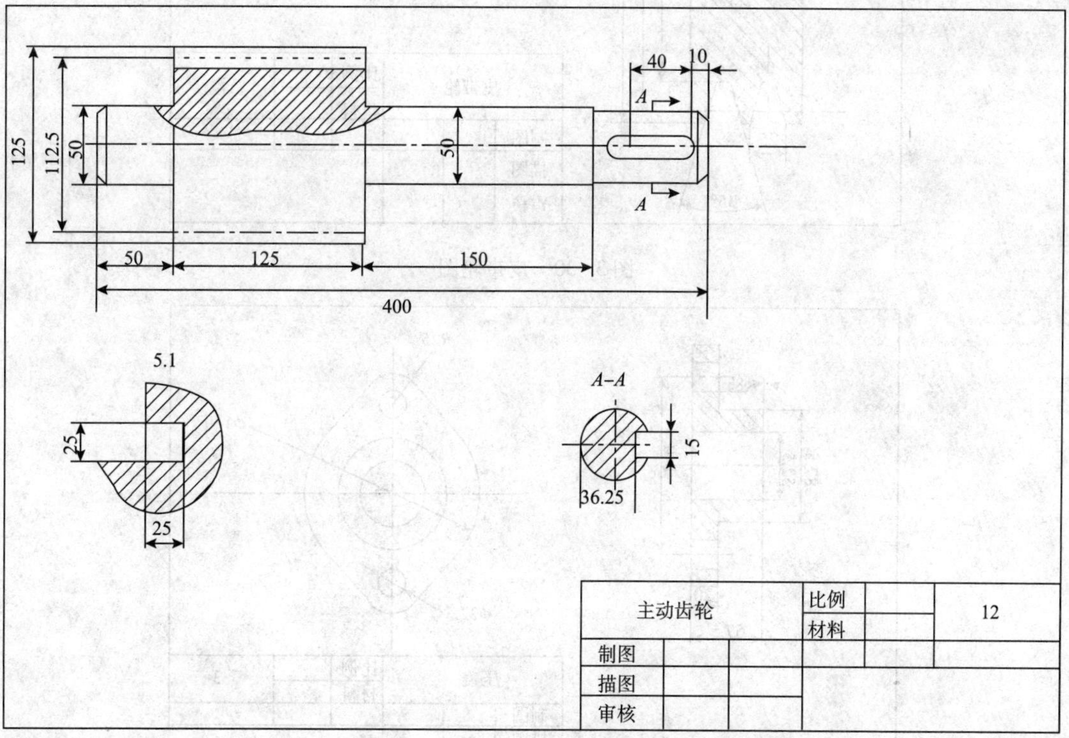

图 3-28　主动齿轮图

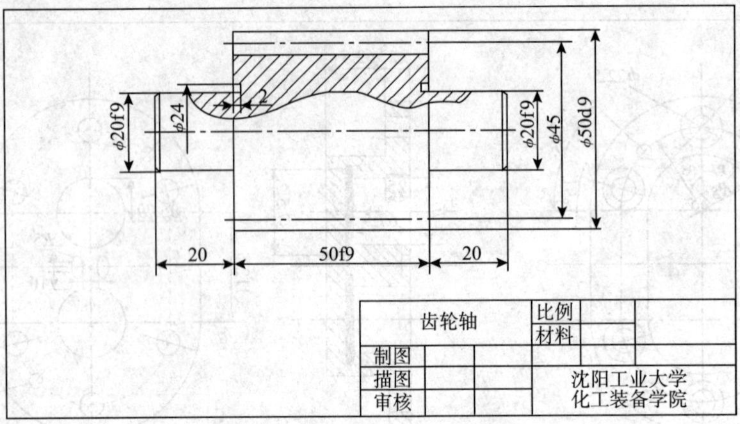

图 3-29　齿轮轴图

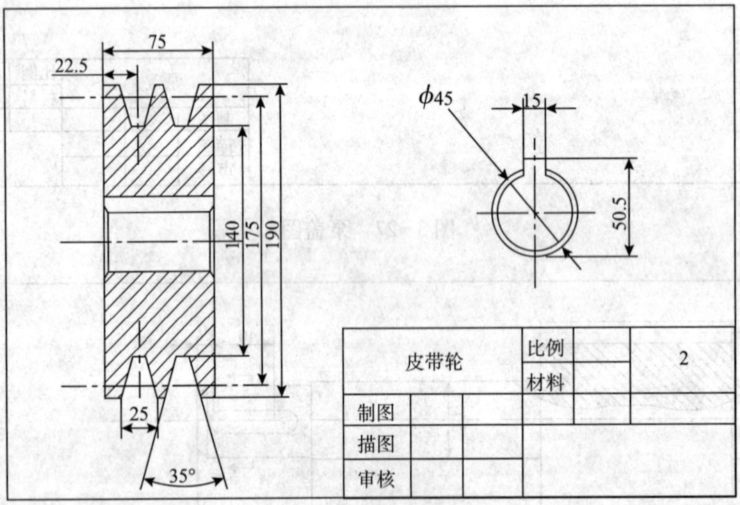

图 3-30　皮带轮图

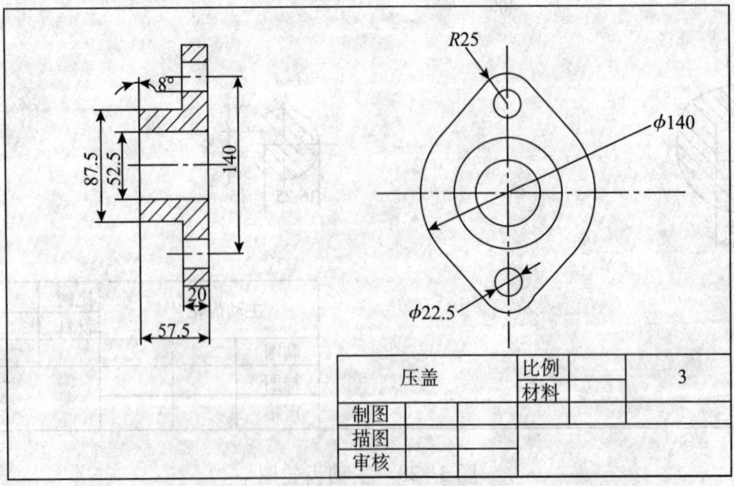

图 3-31　压盖图

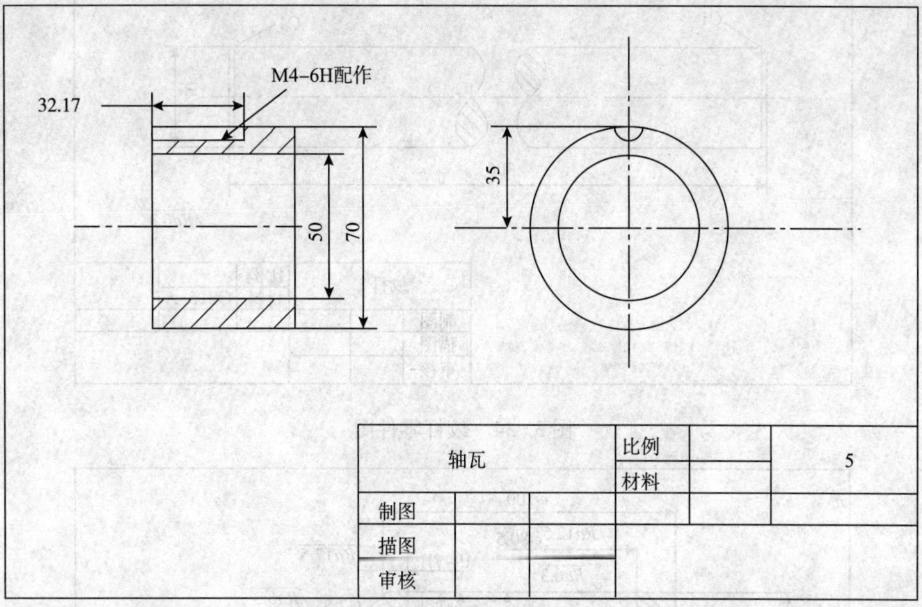

图 3-32　轴瓦图

3.2.3　绘制千斤顶装配图训练

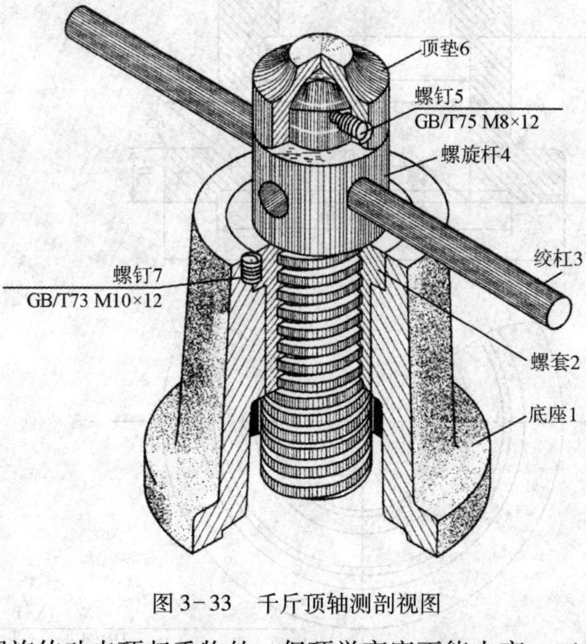

图 3-33　千斤顶轴测剖视图

千斤顶是利用螺旋传动来顶起重物的，但顶举高度不能太高。工作时，旋动绞杠，带动螺旋杆在螺套中作上、下移动，顶垫上的重物即可被顶起或落下。螺套镶在底座里，用螺钉定位，便于磨损后更换修配。顶垫用螺钉与螺旋杆连接而不固定，使顶垫可随螺旋杆旋转而不脱落。

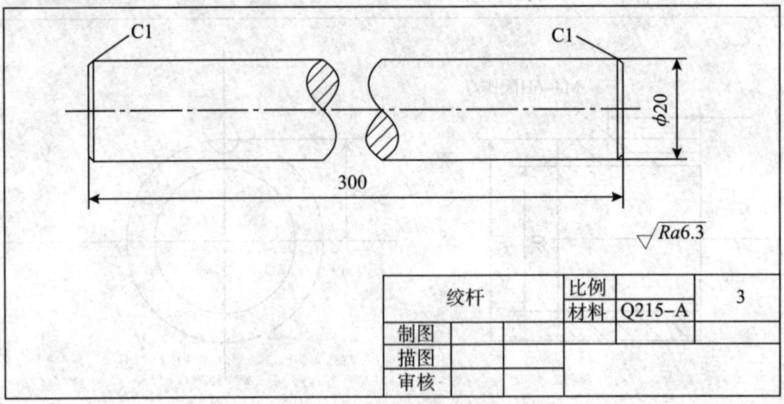

图 3-34　绞杆零件图

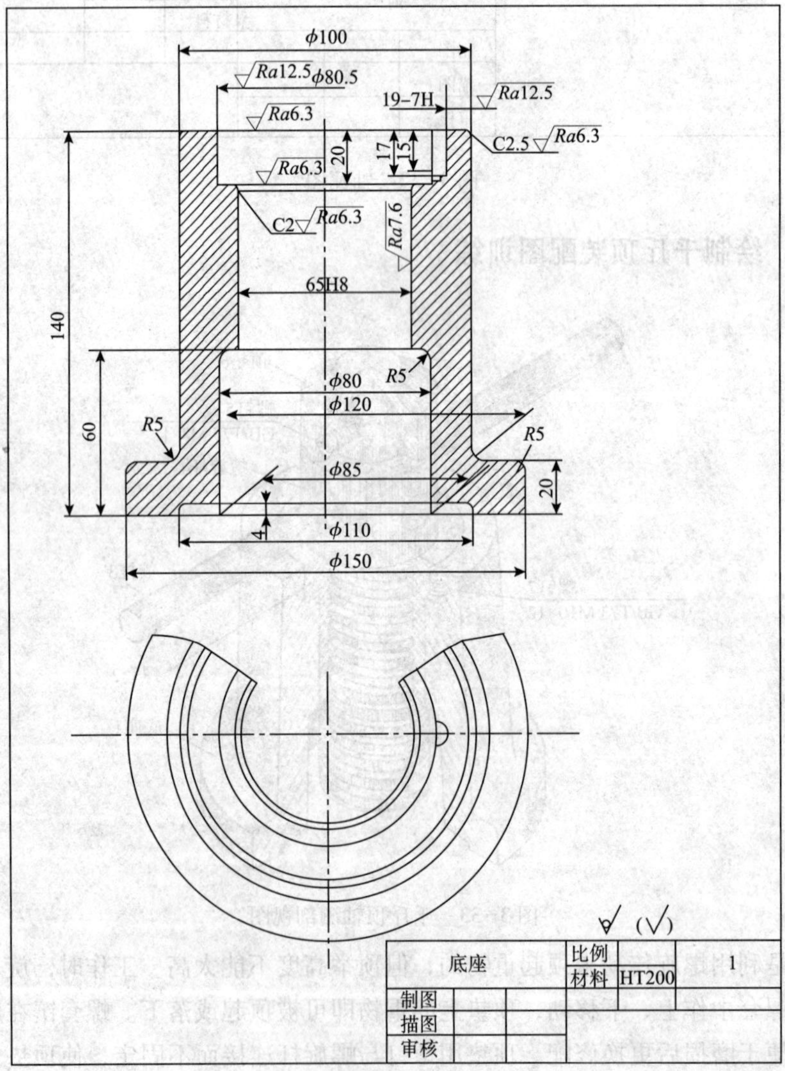

图 3-35　底座

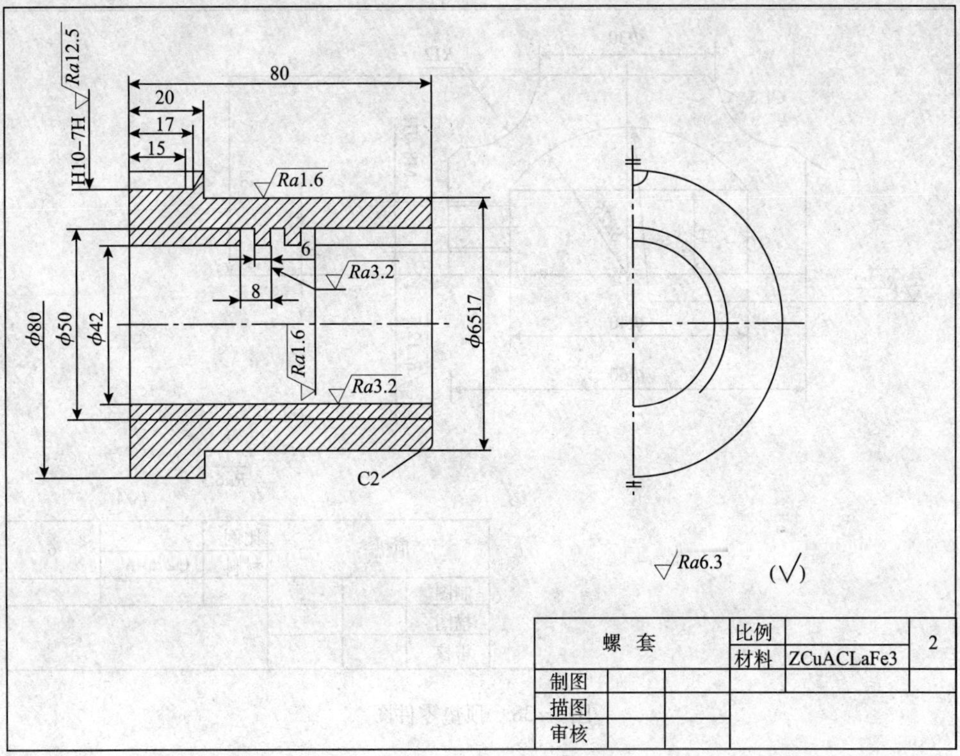

图 3-36 螺套零件图

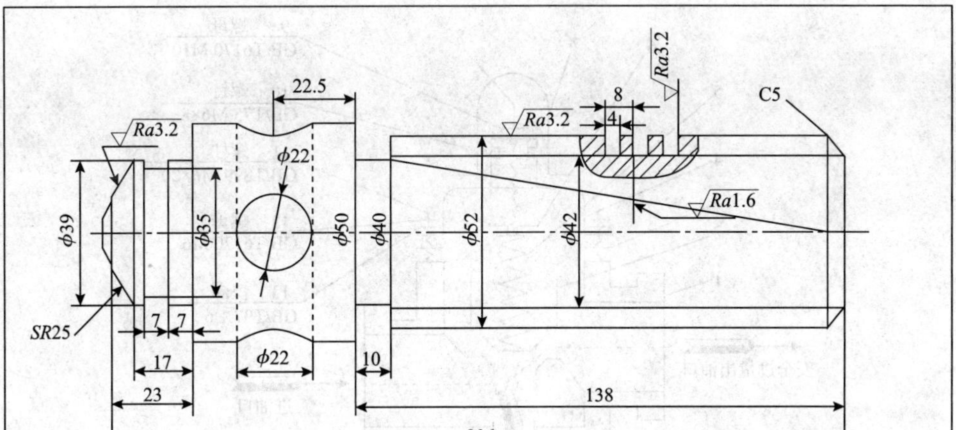

图 3-37 螺旋杆零件图

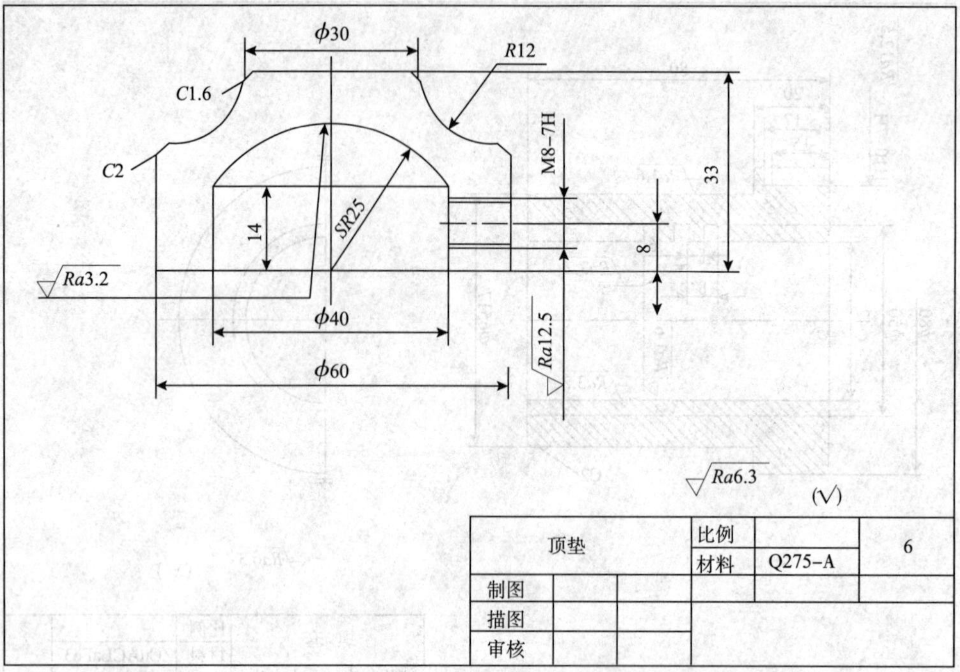

图 3-38　顶垫零件图

3.2.4　安全阀装配图训练

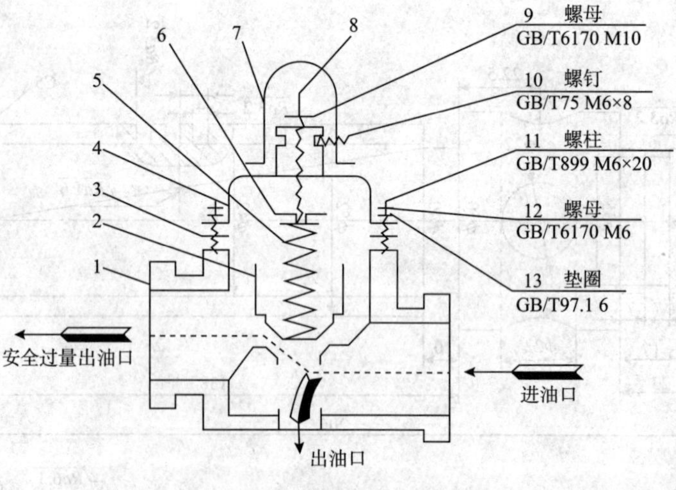

图 3-39　安全阀装配示意图

安全阀是高压供油管路中控制油压并保证供油系统安全的装置。高压油从安全阀的进油口进入，由出油口排出。当系统出现阻塞或供油过量而压力增大时，高压油就会将阀门 2 推开，将过量压力油排入油池。旋动阀杆 8，可调节弹簧压力，以控制油路系统油压的大小。

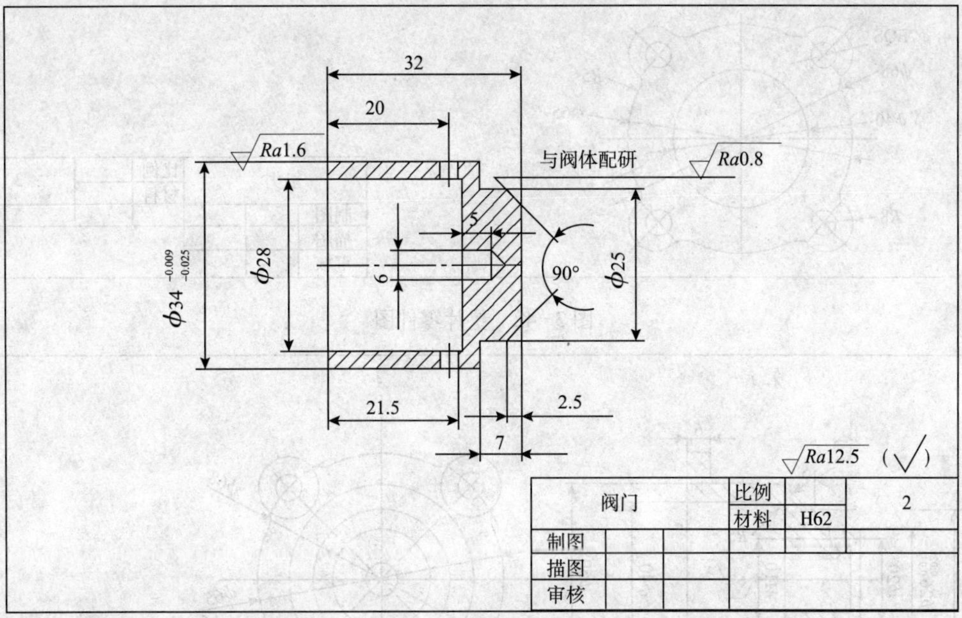

图 3-40 阀门零件图

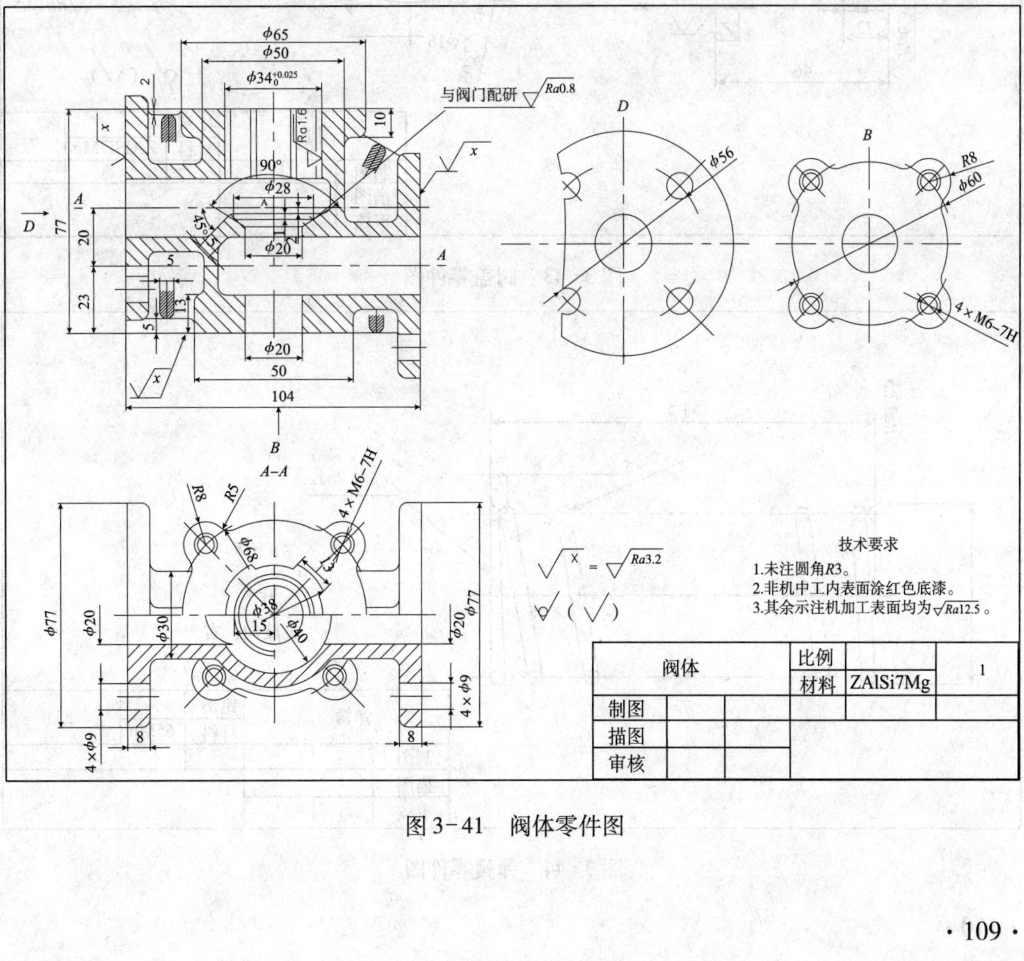

图 3-41 阀体零件图

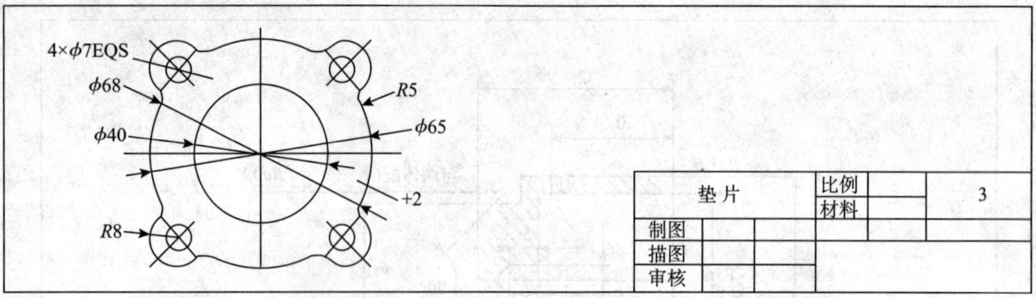

图 3-42　垫片零件图

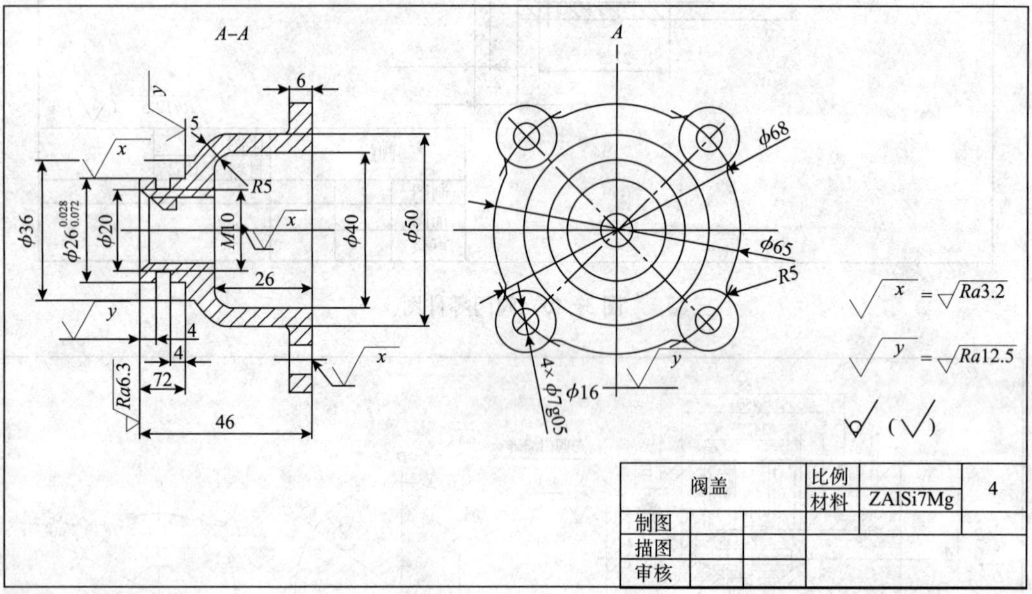

图 3-43　阀盖零件图

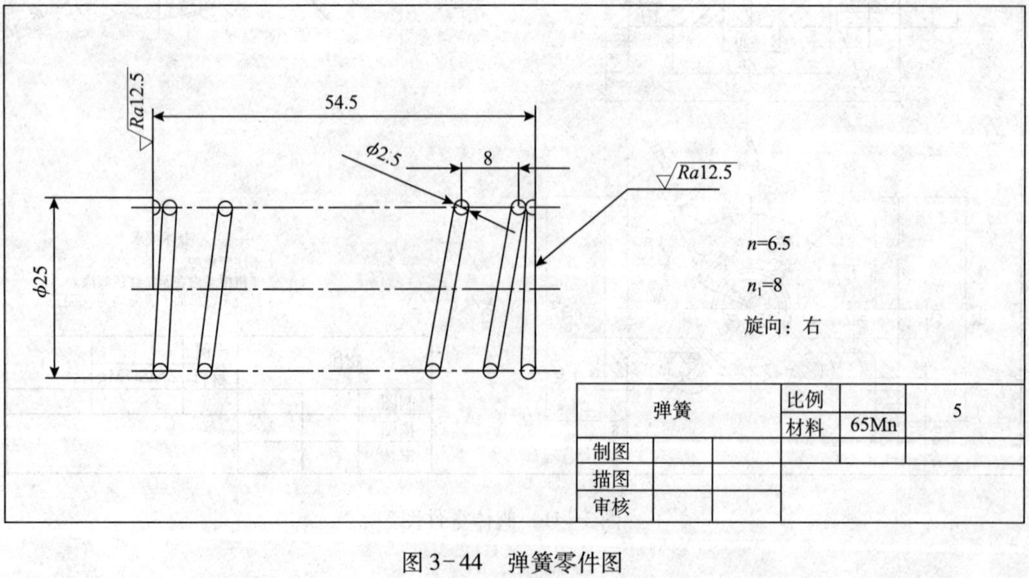

图 3-44　弹簧零件图

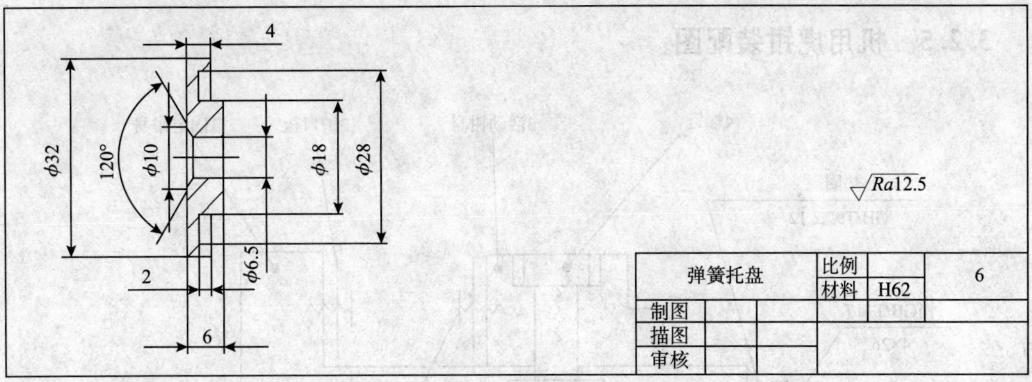

图 3-45　弹簧托盘零件图

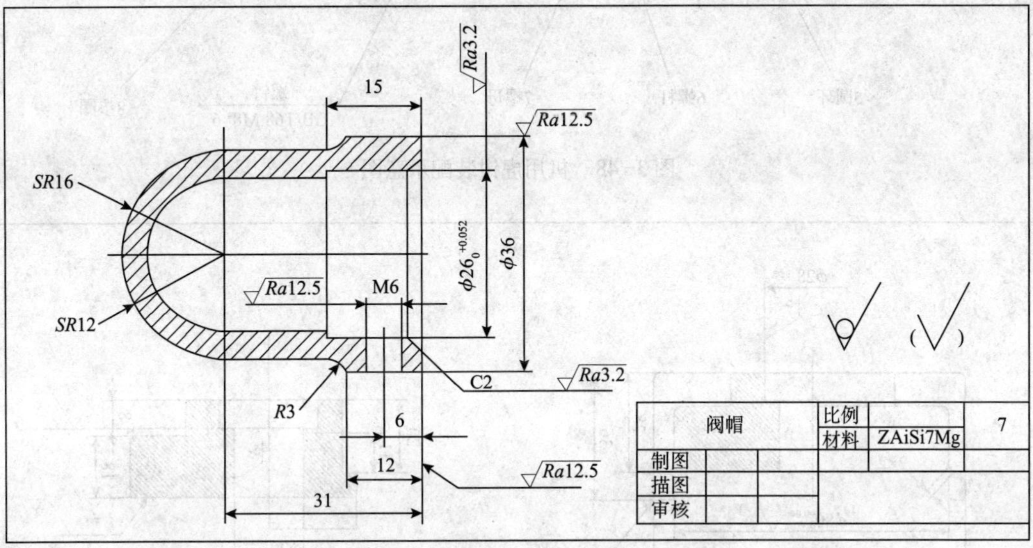

图 3-46　阀帽零件图

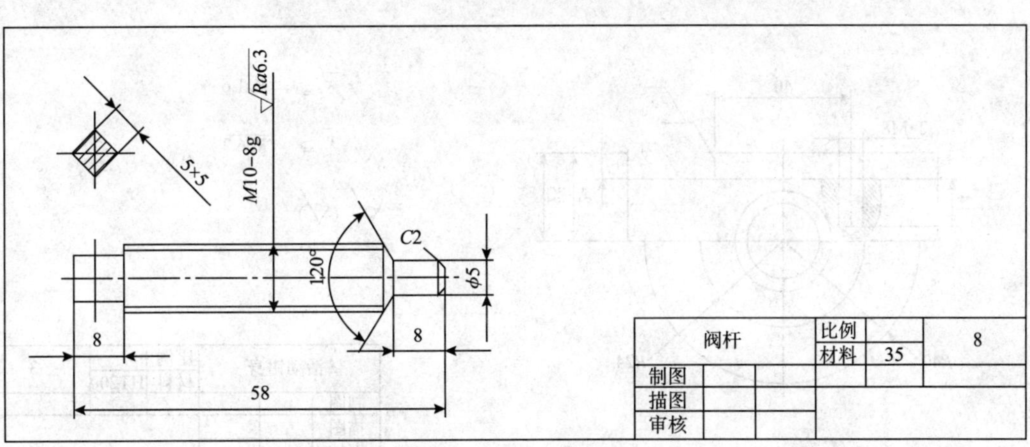

图 3-47　阀杆零件图

3.2.5 机用虎钳装配图

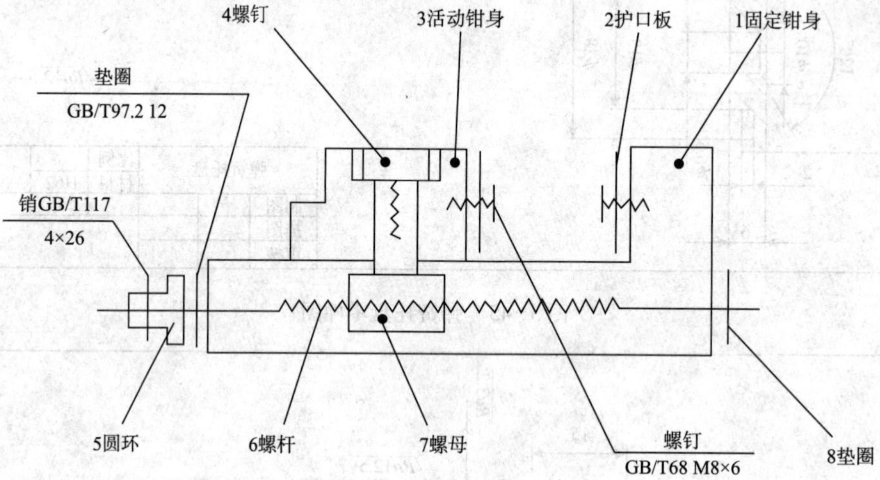

图 3-48 机用虎钳装配示意图

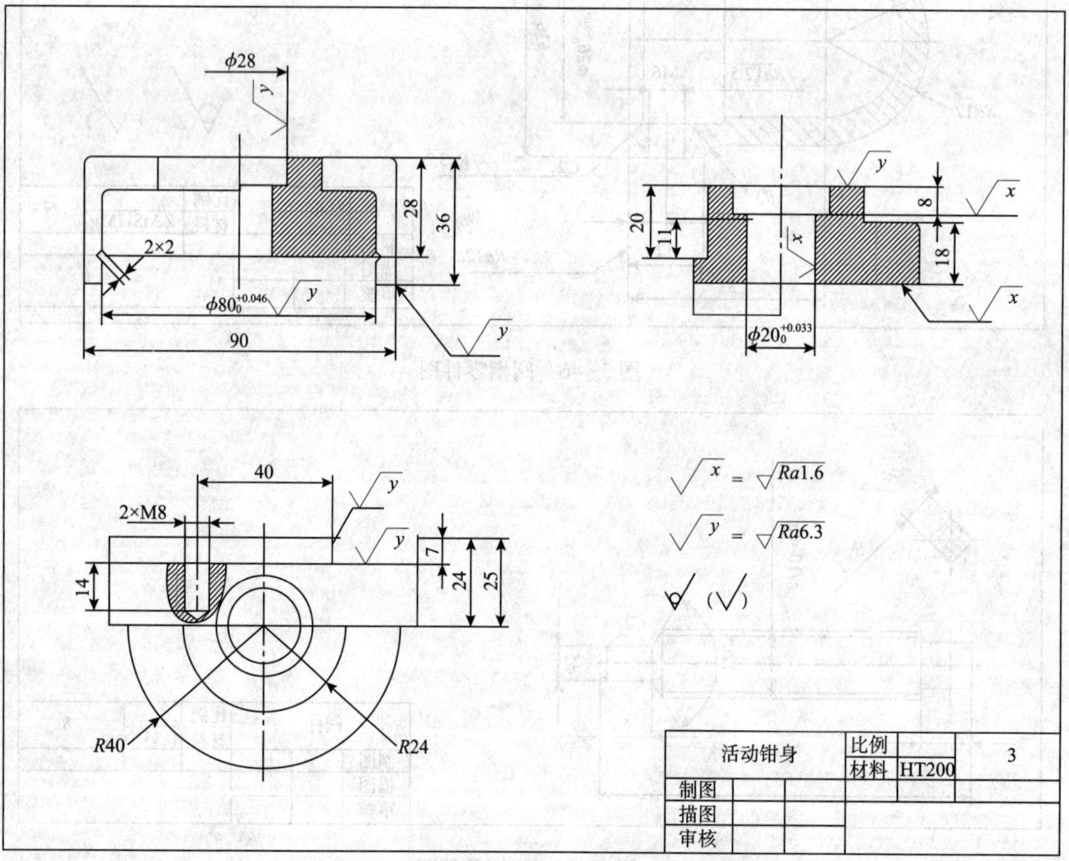

图 3-49 活动钳身零件图

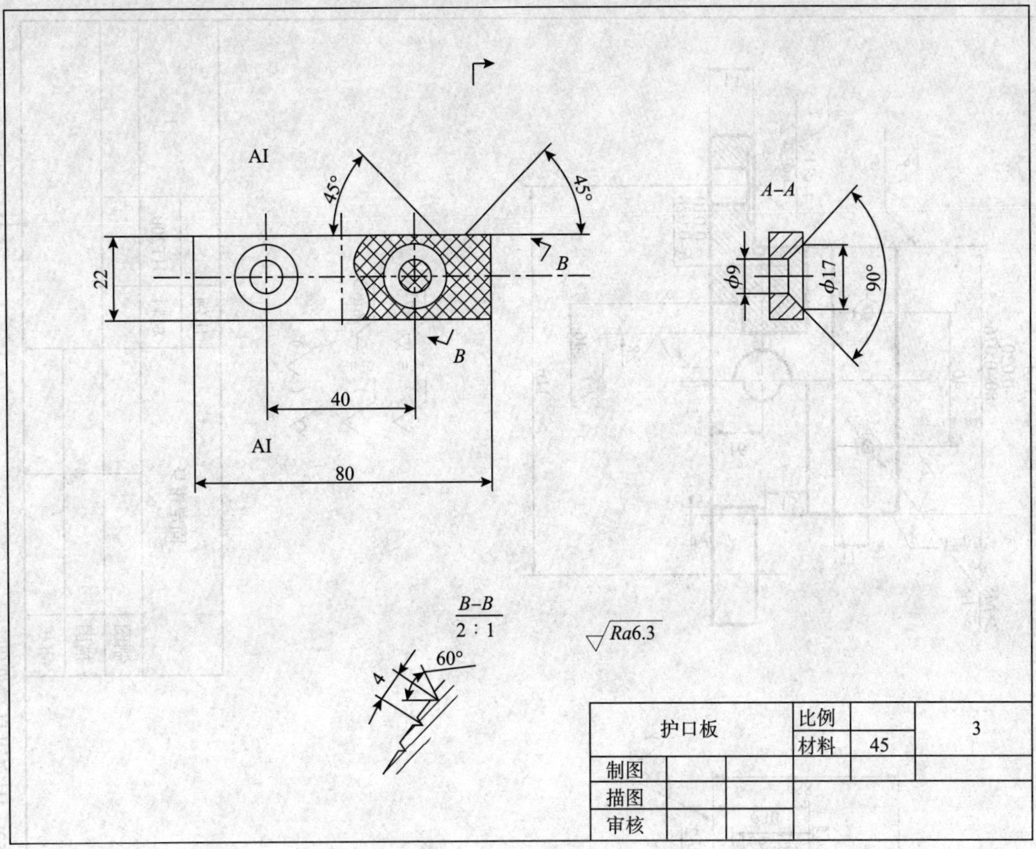

图 3-50　护口板零件图

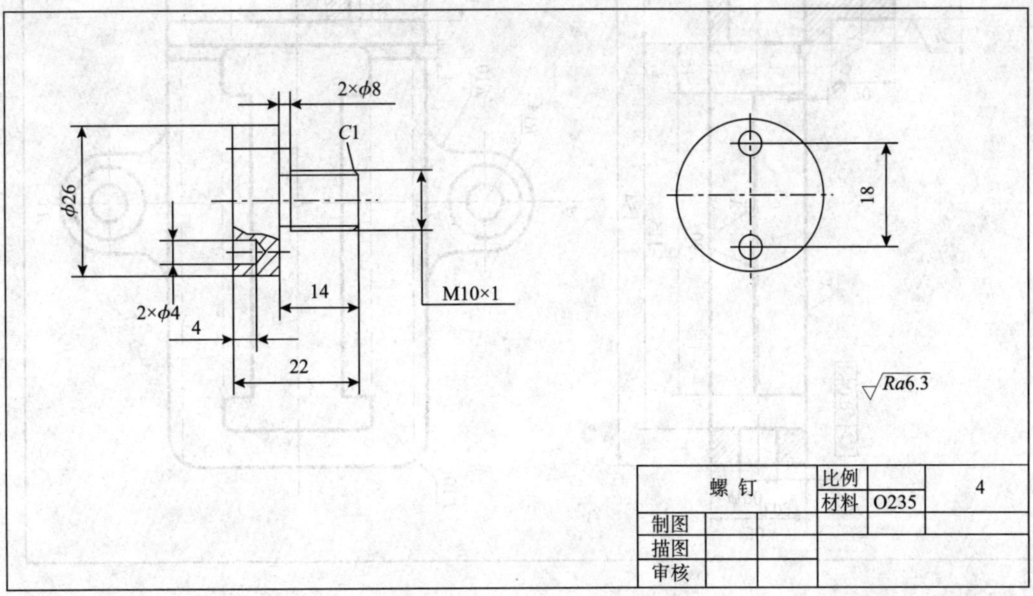

图 3-51　螺钉零件图

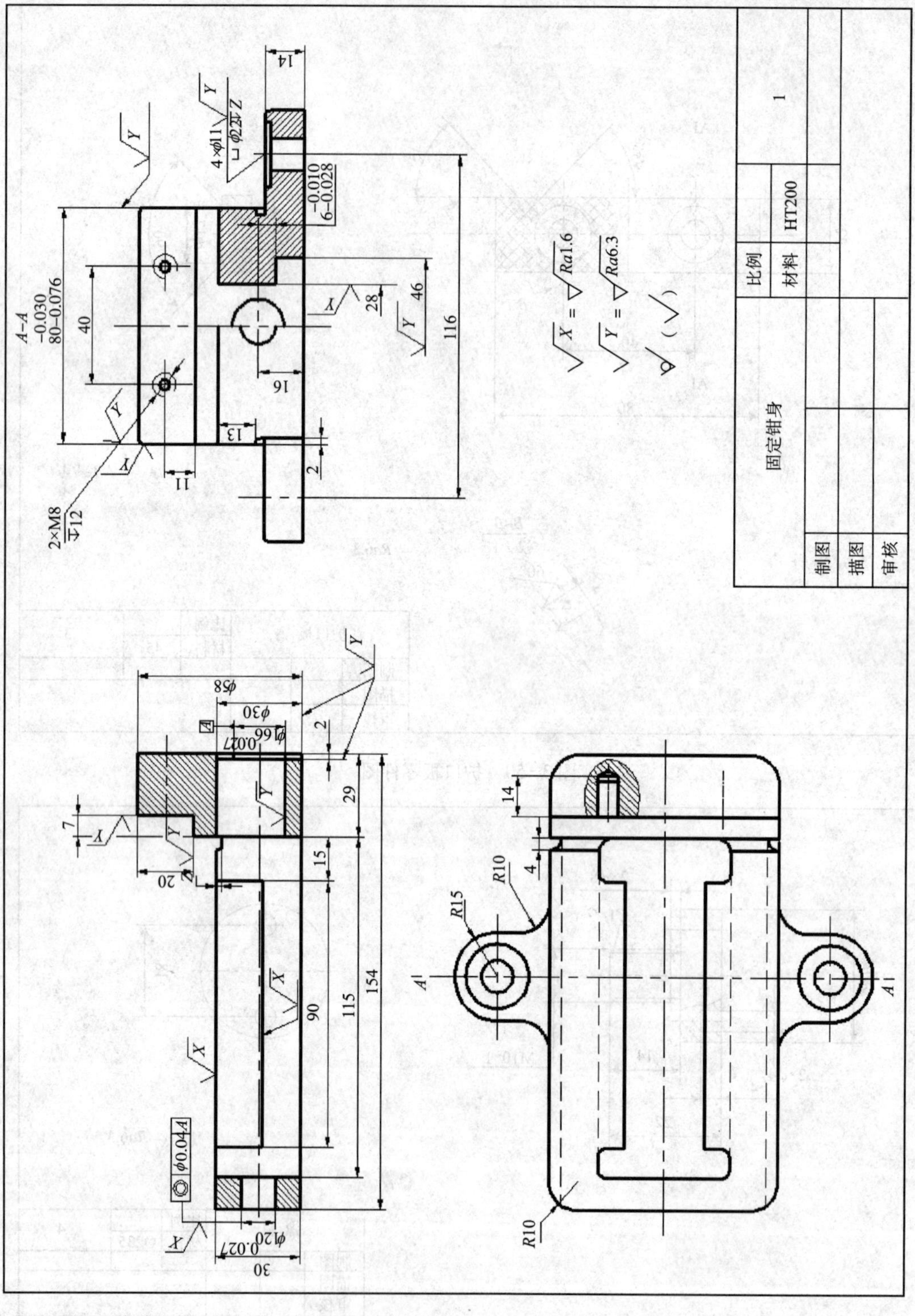

图3-52 固定钳身零件图

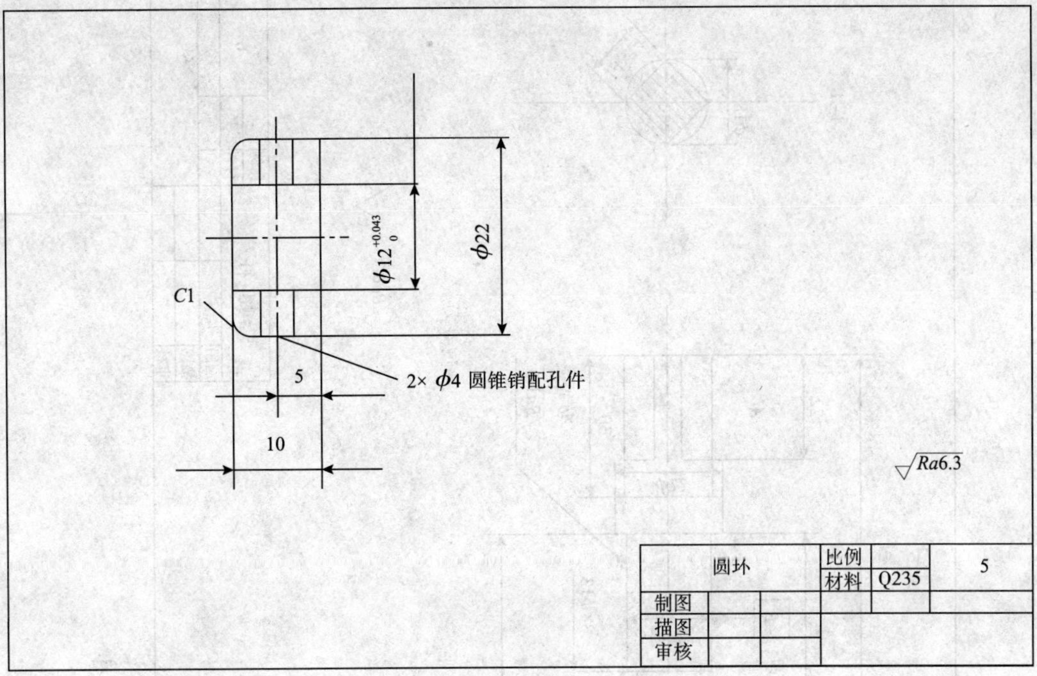

图 3-53　圆环零件图

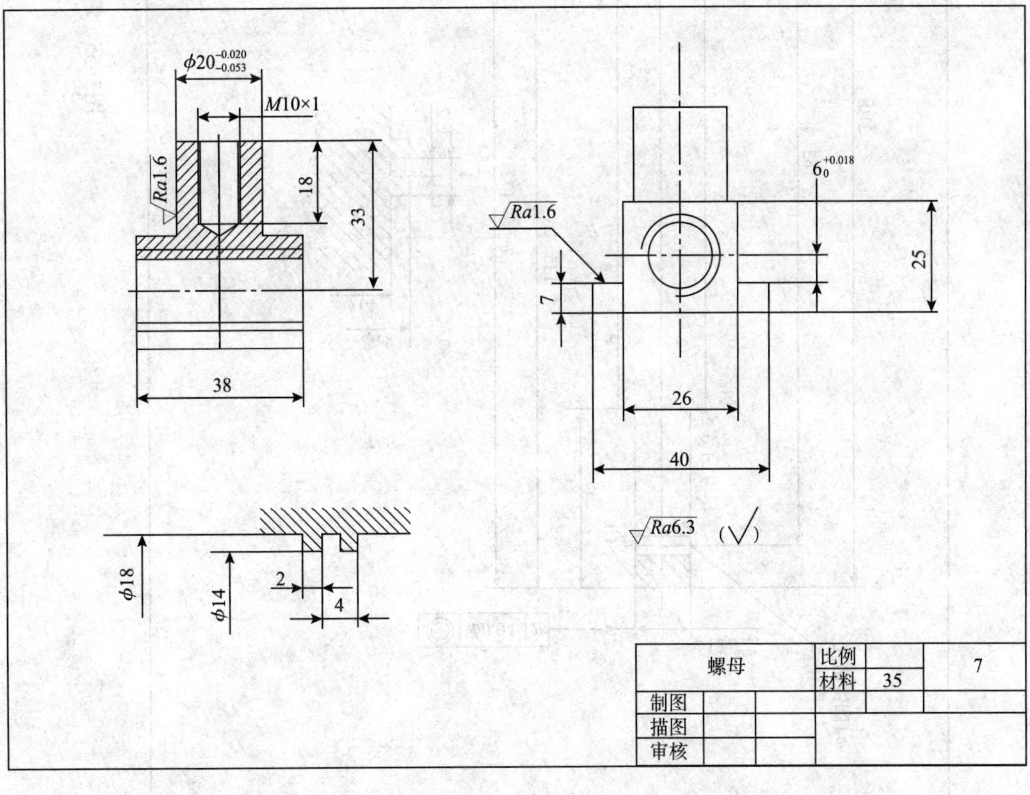

图 3-54　螺母零件图

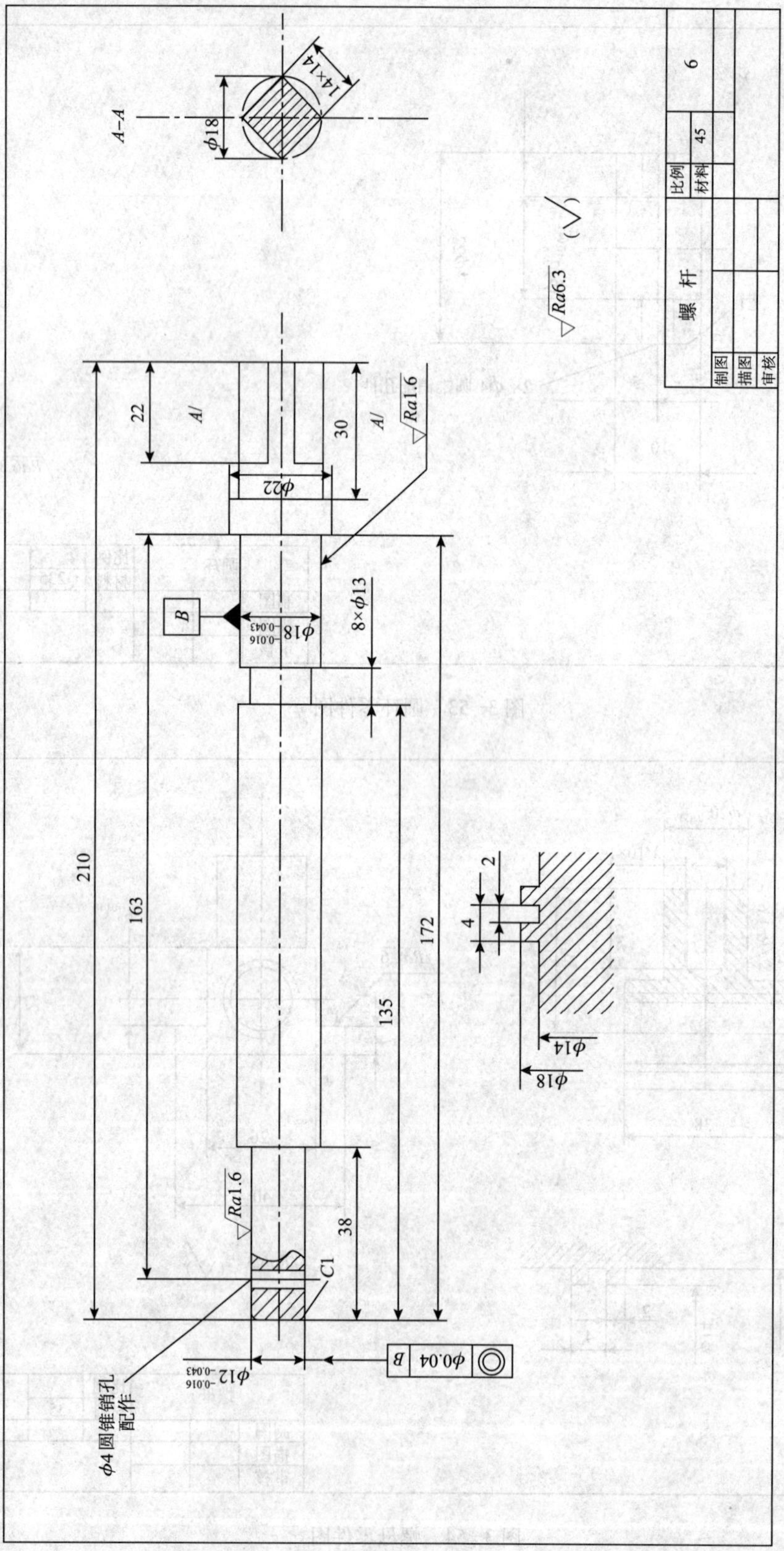
A–A
φ18
14×14
比例
材料
45
6
螺 杆
制图
描图
审核
Ra6.3
Ra1.6
22
30
φ22
8×φ13
B
210
163
172
135
38
C1
φ0.04
φ4圆锥销孔
配作
φ14
φ18
2
4

图3-55　螺杆零件图

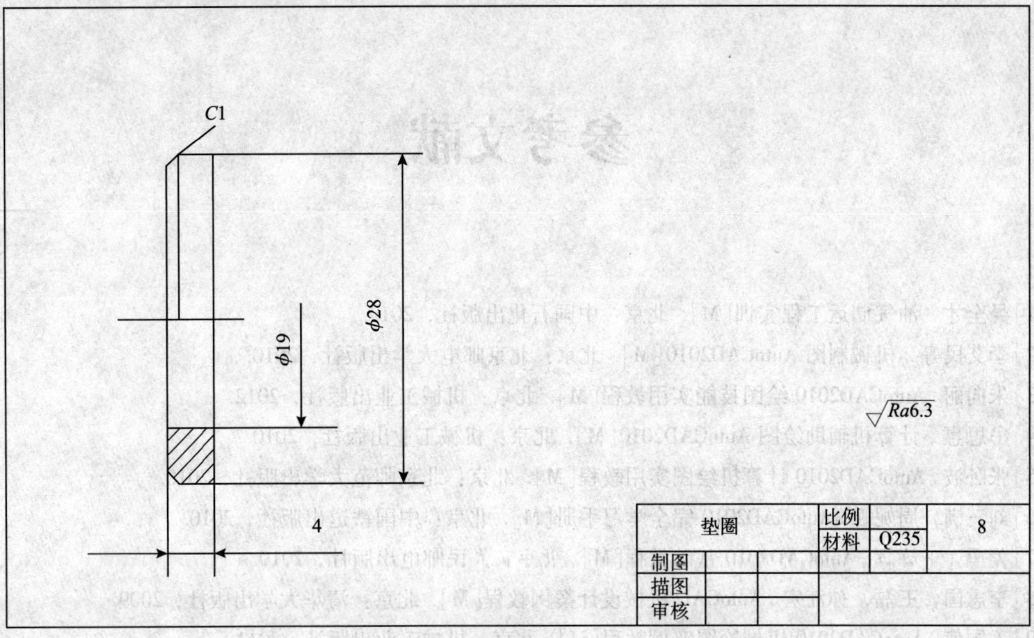

图 3-56　垫圈零件图

参考文献

[1]吴全才. 油气储运工程实训[M]. 北京：中国石化出版社，2014.
[2]李艾民等. 机械制图 AutoCAD2010[M]. 北京：北京邮电大学出版社，2010.
[3]朱向丽. AutoCAD2010 绘图技能实用教程[M]. 北京：机械工业出版社，2012.
[4]牟思惠. 计算机辅助绘图 AutoCAD2010[M]. 北京：机械工业出版社，2010.
[5]张卧波. AutoCAD2010 计算机绘图实用教程[M]. 北京：北京师范大学出版社，2010.
[6]刘三满，周妮娜. AutoCAD2010 完全学习手册[M]. 北京：中国铁道出版社，2010.
[7]姜勇，王辉辉. AutoCAD2010 基础教程[M]. 北京：人民邮电出版社，2010.
[8]李志国，王磊，孙江宏. AutoCAD 机械设计案例教程[M]. 北京：清华大学出版社，2009.
[9]王国伟. AutoCAD2010 机械绘图实例教程[M]. 北京：机械工业出版社，2011.
[10]何铭新，钱可强，徐祖茂. 机械制图[M]. 北京：高等教育出版社，2010.